육아 휴직 정석

육아 휴직 정석

초판 1쇄 발행 | 2021년 6월 3일

지은이 | 김희정
발행인 | 안유석
편집 | 고병찬
마케팅 | 구준모
디자인 | 김민지
일러스트 | 박경연

펴낸곳 | 처음북스　**출판등록** | 2011년 1월 12일 제2011-000009호
주소 | 서울특별시 강남구 테헤란로2길 27 패스트파이브 빌딩 12층
전화 | 070-7018-8812　**팩스** | 02-6280-3032
이메일 | cheombooks@cheom.net
홈페이지 | www.cheombooks.net
인스타그램 | @cheombooks
페이스북 | www.facebook.com/cheombooks
ISBN | 979-11-7022-226-2 03590

• 육아 휴직, 제대로 쓰기로 했다 •

육아 휴직 정석

김희정 지음

처음북스

프롤로그

책을 쓴다는 것은 저에게는 감히 넘볼 수 없는 고귀한 작업이었습니다. 존경하는 작가들이 박경리 선생님, 조정래 선생님, 이문열 선생님 같은 분이다 보니 엄청난 지식과 경험 그리고 스토리텔링 능력을 갖추고 있지 않다면 책은 절대 쓸 수 없다고 생각했습니다. 작가라는 직업을 높이 평가하고 존경하다 보니 오히려 저에게는 신격화되어 있던 것 같습니다. 그래서 죽기 전에 책을 한 권 써 봤으면 하면서도 '이루지 못할 희망일 거야.'라고 스스로 생각을 닫아버리곤 했습니다.

2019년 8월 어느 날, 20년이 넘도록 높고 어렵게만 느껴지던 책 쓰기에 대한 벽이 작은 계기로 쉽게 허물어졌습니다. 바로 육아 휴직 동안 만난 한 작가의 추천으로 읽게 된 민성식 작가의 〈나도 회사 다니는 동안 책 한 권 써볼까?〉라는 책을 읽고 난 이후였습니다. 특히 '우리가 노벨 문학상에 도전하는 것도 아닌데, 우리가 남들보다 조금 더 알고 있는 것을 적으면 된다.'라는 말에 큰 용기를 얻었습니다. 〈육아 휴직 정석〉을 집필하겠다는 마음을 먹은 것은 이렇게 사소한 계기로 시작되었습니다.

세상에 육아 휴직 전문가가 어디 있겠습니까마는 제 경험을 이야기하듯 적어 놓으면 육아 휴직을 고민하고 있거나 이제 막 시작한 누군가에게 조금이나마 도움이 될 것이라고 생각이 들었습니다. 그래서 되도록 제가 잘한 것과 후회되는 부분을 솔직하게 소개하기로 마음먹었습니다.

요즘은 남성도 육아 휴직률이 점차 늘어나는 추세입니다. 그러니 남녀 할 것 없이 많은 직장인이 이 책을 읽고 저보다는 한 단계 발전된 모습으로 현명하게 휴직 기간을 보냈으면 하는 바람이 큽니다. 반면 이런 아이러니한 생각도 듭니다. 10년 아니 빠르면 5년 안에 이 책은 더 이상 팔리지 않았으면 합니다. 이 책을 찾는 독자는 분명 육아 휴직에 대한 고민과 앞서간 선배의 이야기를 듣고 싶어서 책을 찾았을 것입니다.

제가 기대하는 5년 후 대한민국의 직장 모습은 더 이상 '육아 휴직'이라는 단어가 어렵고 낯선 단어가 아니길 바랍니다. '육아 휴직 사용하겠습니다.'라는 말을 꺼내기 위해 전날까지 잠을 뒤척이거나 '팀장님, 잠시 드릴 말씀이 있는데요.'라고 메시지를 보내기 위해 한참을 망설이는 분위기가 아니기를 바랍니다. 공기처럼 육아 휴직이 우리 생활에서 자연스럽고 당연해지는 날, 우리가 굳이 '엘리베이터 사용기', '주말 활용법' 등에 대해 찾아보지 않는 것처럼 〈육아 휴직 정석〉에 대한 책을 볼 필요가 없는 시점이 올 것입니다.

이 책에는 육아에 대한 내용도 담겨 있지만, 육아 휴직 과정에 대한 이야기를 조금 더 많이 담고자 하였습니다. 육아에 대한 내용은 이미 시중에 훌륭한 책이 많이 있습니다. 그래서 육아 휴직을 준비하고, 맞이하고, 즐기며, 다시 복직하는 과정으로 이야기를 엮었습니다. 혹여나 여유로운 휴직을 보내고 싶으신 분이 이 책을 보시고 '왜 이렇게 하라는 게 많아?'라고 생각하실 수 있습니다. 저는 두 번의 육아 휴직을 하며 경험했던 내용을 한 책에 담은 것입니다. 이것저것 해보라는 것이 많아서 부담스럽게 느껴지는 분들은 최소한의 것만 취하셔서 선택적으로 적용해 보시기 바랍니다.

제가 좋아하는 뮤지컬 중 하나는 〈레미제라블〉입니다. 특히 '민중의 노래(Do you hear the people sing)'가 울려 퍼지며 프랑스 혁명을 나타내는 장면이 언제 봐도 인상적입니다. 그 장면을 보며 '나였으면 어디에 섰을까?'라는 생각을 해 봤습니다. 아무래도 소심한 저로서는 마차 위에 올라서 대중을 선도할 자신은 없습니다. 하지만 적어도 주변 사람들에게 깃발을 나눠주며 함께 노래 부르며 어깨동무하고 행렬을 이뤘을 것입니다. 모쪼록 이 책이 육아 휴직을 쓸지 말지 고민하는 직장인들에게, 또 이제 막 육아 휴직을 시작해서 어떻게 보내야 할지 고민하는 분에게, 함께 멋진 행렬에 나아가자고 이끌며 용기를 주는 작은 깃발이 되기를 바랍니다.

우리 집 작은방에서
김희정

육아 휴직 신청 방법

QR 코드를 통해 고용 보험 홈페이지에서 제공하는
육아 휴직 신청 방법에 대해 확인하실 수 있습니다.

차 례

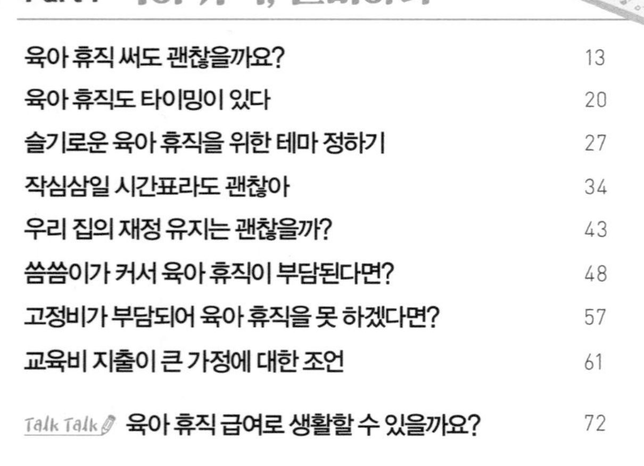

Part 1 육아 휴직, 준비하다

Part 2 육아 휴직, 맞이하다

Part 3 육아 휴직, 즐기다

Part 4 육아 휴직 후, 행복한 복직

아무런 계획없이 육아 휴직을 보낸다면 1년이라는 여러분의 소중한 시간을 허비하게 될 것입니다. 육아 휴직은 아이와 부모에게 모두 중요한 시간입니다. 그렇기에 아이에게 필요한 것은 무엇인지 그리고 부모인 나는 어떤 노력을 할 것인지 계획하고 준비하시기 바랍니다.

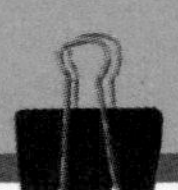

Part 1

육아 휴직, 준비하다

육아 휴직 써도 괜찮을까요?

많은 워킹 맘과 워킹 대디가 생각하는 육아 휴직의 이유와 마찬가지로, 저 역시 아이와 애착 관계 형성, 초등학교 적응, 자기 계발, 건강 관리 등이 육아 휴직의 목표였습니다. 실제로 육아 휴직 기간을 꽤 만족스럽게 보냈고, 1년이 너무 짧고 아쉬울 정도로 값진 시간이었습니다. 물론 워킹 맘이었던 제가 온전히 가사와 육아만 하려니 힘든 시기도 있었습니다. 그렇지만 육아 휴직을 하고 전반적으로 행복하고 만족스럽다는 것이었습니다. 이 책에서 반복하여 이야기하겠지만, 육아 휴직으로 얻게 되는 플러스 효과는 참으로 무궁무진합니다.

육아 휴직을 사용한 것을 후회하세요?

누군가가 저에게 '육아 휴직을 사용한 것을 후회하세요?'라고 묻는다면 전 이렇게 대답할 것입니다. 저는 '육아 휴직을 사용한 것은 후회하지 않지만, 육아 휴직을 사용한 방법에 대해서는 후회가 남아요.'라고 말입니다. 시작부터 우울한 내용일 수 있지만, 업무 복귀 후 피해, 낮은 평가, 진급 누락 등 육아 휴직으로 인해 받을 수 있는 마이너스 영향에 대해서 이야기하겠습니다. 바로 이 부분이 육아 휴직을 고민하게 되는 가장 큰 염려이기 때문입니다.

복직 후 회사는 '그간 달콤한 시간을 가졌으니, 이제는 혹독한 맛을 보아라.'라고 말하듯이 저에게 시련을 주었습니다. 복직 후 팀장이 저에게 준 업무는 팀 고유의 업무가 아닌 그해에만 임시로 시행하게 된 프로젝트였습니다. 그 프로젝트는 본래 업무와 연장선이 없는 일이었기에 다른 팀원들은 맡기를 꺼렸었고, 마침 육아 휴직을 하고 돌아온 저에게 주어졌습니다. 당시 저는 일의 좋고 나쁨을 가릴 틈도 없었습니다. 1년의 공백 기간을 만회하기 위해 야근을 반복하며 열심히 일했고 결국 연말에 좋은 결과를 내었습니다. 업적 평가 계획에 따르면 제 고가는 최고 등급을 받게 되어 있었습니다. 그러나 연말 평가 시즌에 팀장은 사소한 귀책 사유를 문제 삼아 고가를 낮게 조정하였습니다. 억울한 마음이 밀려왔지만, 그때 들었던 생각은 '내 성과와 상관없이 복직 후 내가 받는 고가가 정해져 있었구나.'라는 것이었습니다.

설상가상으로 육아 휴직을 2012년과 2013년에 절반씩 두 해에 걸쳐 1년을 쓰다 보니 2년 치 고과가 나빠졌습니다. 2년 치 고과는 그 후로 4년간 제 평가에 쫓아다니며 승진의 발목을 잡았습니다. 그다음 해에 평가를 아무리 좋게 받아도 4년 치 고과 평균값으로 계산하기 때문에 여전히 피해를 보게 되었습니다. 육아 휴직 전에는 저는 우수사원이었고 가장 나이가 어린 과장이었습니다. 그런데 육아 휴직에서 돌아와 4년이 흐르고 보니 제 아래 있던 대리들은 어느새 같은 직급으로 올라와 있었습니다. 복직 후 5년이 지나서야 과거의 제 기록이 하나씩 사라지기 시작했습니다. 그랬더니 이번에는 차창과 부장이 너무 많아 승진 인원을 줄인다며 회사에서는 승진의 문턱을 더욱 높였습니다. 이후 둘째 아이의 임신과 출산 휴가가 겹치며 차장 승진의 기회는 점점 멀어졌습니다.

육아 휴직을 쓴 게 죄는 아니잖아!

10년째 과장 직함을 달고 회사에 다니는 지금, 저는 여러 가지 깨달음을 얻었습니다. 우선 겸손입니다. 제가 잘난 줄 알고 회사에 다니던 시절, 저는 만년 과장인 누군가를 바라보며 좀 한심하다고 생각했습니다. '왜 노력해서 승진을 안 하지?'라고 말이지요. 그런데 제가 그 위치가 되고 보니, '내가 아무리 노력해도 이런 상황이 올 수 있구나.'라는 점을 알게 되었습니다. 다음부터는 함부로 한 직급에 오래 머물러 있는 누군가를 바라보며 그런 건방진 마음을 갖지 않게 되었습니다. 오히려 '저분도 어떤 사정이 있었을 거야.'라고 생각하는 약간의 겸손함을 배웠습니다.

다음은 육아 휴직을 사용하는 시기입니다. 특별한 사유가 없다면 각자 본인 회사의 고과 시간을 고려하여 육아 휴직을 신청해야 합니다. 예를 들어 저희 회사의 경우에는 1월에서 12월이 고과 기간이었습니다. 그러므로 육아 휴직을 쓴다면, 1월부터 12월에 쓰는 것이 가장 바람직합니다. 그래야 고과를 나쁘게 받더라도 1년 치만 손해를 보게 됩니다. 행여나 저처럼 2년 치 고과를 손해 보는 일은 없으면 좋겠습니다. 고가 평가 방식은 회사마다 차이가 있으므로 사전에 확인하는 것이 중요합니다. 6개월 이상 휴직 기간이 되면 평가 점수를 아예 받지 않아 공백으로 처리가 되는 경우도 있습니다. 그리고 6개월 미만인 연도에는 평가를 하게 되어 있어 시기를 잘못 맞추면 1년을 휴직하고 2년 치 고과가 모두 나빠질 수 있습니다. 저는 같은 실수를 반복하지 않고자 두 번째 육아 휴직은 딱 1월부터 12월에 맞춰서 사용했습니다. 아이가 한 명이신 분은 기회가 딱 한 번이니 저와 같은 실수가 없으셨으면 좋겠습니다.

마지막은 복직 처우에 대한 대응입니다. 저는 육아 휴직자가 죄인이라도 된 것처럼 복직 후 팀에서 모두가 꺼리는 일을 넙죽 받았습니다. 또한 팀장이 공정하지 않은 방법으로 제 고과를 매겼을 때도 공식적인 항의와 아무런 대응도 하지 않은 채 그냥 낮은 고가를 받았습니다. 육아 휴직자는 으레 그래야 한다고 생각했던 것입니다. 암묵적인 약속처럼 주는 사람도 받는 사람도 그렇게 주고받았습니다. 돌이켜 보면 바로 그 점이 문제였습니다. 일을 주는 사람이 육아 휴직자는 힘든 일과 낮은 고가를 받아야 한다고 생각하고 있어도, 받는 사람은 그렇게 생각하지 말아야 합니다. 왜냐하면, 그 결과가 앞으로 저를 계속 좇아다닐 제 업무 이력이고 제 평가이기 때문입니다. 가끔은 제가 다시 그 시점으로 돌아가 보는 상상을 합니다. 복직 후 맡게 되는 업무가 과거 업무와 너무 상이한 경우 팀장에게 기존 업무와 동일하거나 유사한 업무를 달라고 요구할 것입니다. 이도 잘 안 돼서 새로운 업무를 맡아야 하는 상황이라면, 새 업무를 하는 대신 잘 마무리한 경우 좋은 평가를 달라고 미리 협상했을 것입니다. 끝으로 성공적으로 일하고도 터무니없는 고가를 받은 경우, 제 계획서에 적힌 내용을 비교하며 응당 제가 받아야 하는 고과를 요구했을 것입니다.

출산은 축복이라며, 육아 휴직은 아니야?

'2020 저출산 심포지엄'에서 발표한 '가족 형성기 밀레니얼들이 경험하는 갈등 양상'에 따르면 상대적으로 좋은 일자리에서 일하고 있는 남녀 직원들도 '출산은 축복이니 회사가 제공하는 워라밸 제도를 마음껏 활용해 일·가족 양립의 기쁨을 누리라.'라는 축하의 신호와 '승진을 포기한 게 아니라면 눈치 없이 제도를 마음껏 써서는 안 된다.'라는 모순된 신호 사이에서 갈등을 겪고 있다고 하였습니다.

이제는 남자도 육아 휴직을 하러 가는 시대라고 하면서 육아 휴직에 대해 아량을 베풀듯 친절하게 이야기하는 사람들도 뒤로는 '대신 고가와 승진은 알아서 까는 거야.'라는 이중적인 마음이 존재하는 것입니다. 많은 국내 기업의 문화가 아직은 육아 휴직에 대해서 이렇게 이중적인 면을 담고 있습니다. 상황이 많이 좋아졌다는 대기업도 이런 이중적인 모습을 가지고 있으니 중견 기업이나 중소기업은 더욱 상황이 어려울 것입니다. 간혹 좋은 복지 혜택을 주는 중소기업도 있지만요.

이러한 기업 문화로 인해 육아 휴직을 고민하는 분들에게 육아 휴직 시기를 조절하는 방식으로 마이너스 요소를 만회할 방법을 알려드립니다. 그리고 나아가 좀 더 용기를 가진 분들은 잘못된 시선과 처우에 대해 맞서 요구하라는 말씀드립니다. 말을 꺼내는 순간에 불편한 분위기와 혹시 모르는 보복이 걱정되기도 합니다. 그래서 저도 당시에 '할많할않(할 많은 많지만 하지 않겠다.)'의 태도를 취했습니다. 하지만 그 불편한 순간을 밑져야 본전이라고 생각해 보면 좋겠습니다. 불편함을 너무 많은 나의 배려로 덮으면 저처럼 시간이 지나서도 두고두고 후회가 남을 것입니다.

복직하고도 일을 잘했다면 좋은 고과를 받는 문화가 정착되어야 합니다. 첫째 아이를 낳은 지 10년이 지난 지금 저는 다시 일에 매진하며 뒤처진 승진의 길을 향해갑니다. 승진에 목을 매는 것은 아니지만, 제가 최소한 팀장의 자리로는 올라가야 제 팀에서 누군가 육아 휴직을 마치고 복직하여 일을 잘했을 때, 공정한 평가를 줄 수 있으니까요. 제가 세상을 바꿀 수는 없지만, 최소한 제 팀 하나는 변화시키고 싶습니다.

육아 휴직으로 인한 불이익을 최소화하는 방법

- 미리 회사의 고과 기간과 방법을 확인한다.
- 휴직 예정일을 사전에 인사팀과 상의한다.
- 복직 후 부당한 업무에 대해서 목소리를 내자.
- 복직자가 바닥 깔라는 법은 없으니, 공정한 평가를 요구하자.

육아 휴직도 타이밍이 있다

결혼에도 타이밍이 있듯이 육아 휴직에도 타이밍이 있습니다. 충동적으로 육아 휴직을 사용했다가는 신중하지 못한 행동에 아쉬움이 남을 수 있습니다. 또한 반대로 너무 이것저것 따지고 고민하다가 육아 휴직 시기를 놓치는 일이 생길 수도 있습니다. '아끼다 똥 된다.'라는 표현처럼 말입니다. 따라서 육아 휴직을 언제 쓰면 좋을지에 대한 고민은 냉철한 머리를 가지고 신중히 생각하되 빠르게 결정해야 합니다. 고려할 사항은 여러 가지가 있겠지만, 반드시 따져 보아야 할 사항으로는 회사의 고가 평가 기간, 아이의 성장 과정, 다른 가족의 상황 등이 있습니다.

육아 휴직도 계산적으로 사용하자

'아이를 위해서 육아 휴직을 쓰는데, 왜 굳이 회사 평가 기간을 고려해야 하나?'라고 생각하는 분이 있을 수 있습니다. 하지만 저를 비롯해 실제로 육아 휴직을 사용한 많은 분이 휴직 후에 아쉬워하는 부분이 바로 이 부분입니다. 조금만 더 신경을 썼다면 좋은 평가를 받거나 최소한 나쁜 평가는 피할 수 있었을 거라는 후회입니다. 당시에는 그 부분을 놓쳤다는 점이지요.

육아 휴직을 사용할 때는 당장 아이를 봐줄 사람이 없거나 아이와의 애착 관계가 염려되어 아이 위주로 휴직 기간을 잡기 급급합니다. 하지만 바로 1년 뒤면 돌아갈 회사에서의 내 처우도 무시할 수 없습니다. 그리고 한 번 받은 고과는 되돌릴 수 없는 영원한 꼬리표로 남게 됩니다. 조금만 신경을 쓴다면 육아 휴직도 쓰고 회사에서도 내 성과와 노력에 대한 적합한 대우를 받을 수 있는데 말입니다.

고과 평가 기간은 회사에 따라 다릅니다. 제가 다니는 곳은 1월부터 12월에 업적을 토대로 평가를 합니다. 실제 팀장이 평가하는 시점은 11월 중순이고, 12월은 예상 업무를 적어 평가 시 감안을 합니다. 인사팀을 통해 최종 평가가 본인에게 확인되는 시점은 12월 중순입니다. 이와 같은 경우에는 평가 기간이 1월에서 12월이기 때문에 육아 휴직도 주기에 맞춰서 사용하는 것이 가장 바람직합니다. 제 회사는 6개월 이상 휴직인 경우는 그해의 평가를 공백으로 처리하게 되어 있어 아무런 업무 평가도 받지 않습니다. 하지만 잘못하여 7월 15일부터 다음 해 7월 14일까지 육아 휴직을 사용하게 되는 경우, 첫해는 6개월이 못 미치기 때문에 평가를 받고 대부분 팀에서 낮은 고과를 받게 됩니다. 그리고 다음 해에도 복직하여 열심히 일해도 6개월 이상 휴직이었기 때문에 평가를 받지 않게 되는 상황이 발생합니다. 육아 휴직을 다녀와서 눈치를 보느라 남들보다 더 열심히 일은 했지만 2년 치 고과가 날아가 버린 셈이지요.

S 사의 경우는 평가 시즌이 연 2회입니다. 외국계 회계 연도를 따르는 기업의 경우 평가 기준이 3월부터 다음 해 2월인 경우도 있습니다. 회사마다 평가 기간, 평가 방법 등이 차이가 나기 때문에 아이가 생기면 바로 이 부분을 확인해야 합니다. 인사팀에 문의하는 것이 가장 좋고 주변에 육아 휴직 경험자가 있다면 의견을 들어 보는 것이 중요합니다. '아이를 위하고 가족을 생각하는 육아 휴직에서 너무 내 고과를 챙기고 계산적으로 생각하는 것 아닌가?'라고 생각이 들 수 있지만 돌아와서 후회를 줄이고 싶다면 꼭 전략적으로 판단하고 결정하기를 추천해 드립니다.

아이의 출산과 성장 과정을 고려하자

가장 많은 부모가 택하는 육아 휴직 기간은 출산 휴가와 연이어 육아 휴직을 사용하거나 부모와 자식과의 애착 관계를 중요시하는 만 3세 이전에 사용하는 것입니다. 2019년 통계청에서 발표한 '2019일·가정 양립 지표' 보고서에 따르면, 전체 육아 휴직자의 64.5%가 만 0세 자녀를 대상으로 육아 휴직을 사용했다는 점을 볼 수 있습니다. 0세에서 만 3세까지는 78.1%에 이릅니다. 그만큼 부모와 자녀의 애착 시기를 우선으로 둔다는 점을 알 수 있습니다.

〈대상자녀 연령별 육아 휴직자 비중〉

자녀 연령	0세	1세	2세	3세	4세	5세	6세	7세	8세
전체	64.5	5.2	4.3	4.1	4.3	3.8	7.4	5.0	1.5
부	24.2	17.6	11.6	9.4	8.6	8.1	9.2	8.1	3.2
모	73.0	2.6	2.7	3.0	3.4	2.9	7.0	4.3	1.1

2019 일·가정 양립 지표(단위: %), 통계청

자녀가 0세 때 출산 휴가를 많이 사용하는 것은 자녀가 너무 어려서 누군가에게 맡기기도 힘들고 주변에서 자녀를 돌봐 줄 수 있는 상황이 여의치 않은 경우도 많습니다. 또한 출산 휴가 이후에 다시 복귀했다가 잠시 일하고 다시 육아 휴직을 하는 것이 현실적으로 어렵습니다. 그래서 보통은 출산 휴가와 육아 휴직을 한 번에 붙여서 사용하는 경우가 많습니다. 출산은 회사 평가 시즌 등에 맞춰 아이를 임신하는 것이 거의 불가능합니다. 그러므로 출산 후 바로 육아 휴직을 사용하는 경우에 고과 평가 기간을 고려하기 어려운 것이 일반적입니다.

하지만 이 경우도 일정을 조금 조정해 본다면, 고과 평가에 큰 손해를 받지 않을 수 있습니다. 예를 들어 출산 휴가가 2월에 끝나고 3월 1일부터 다음 해 2월 말까지 육아 휴직을 사용할 예정이라면 육아 휴직 기간을 3월부터 12월까지만 사용하고 나머지 2개월을 남기는 방법입니다. 평가 시즌이 1~12월인 회사라면 2년 치 고과를 나쁘게 받는 경우를 피할 수 있고, 남겨둔 2개월 육아 휴직은 아이가 초등학교 입학 시즌 등에 맞추어 요긴하게 사용할 수도 있습니다.

부모의 복직 시기를 어린이집이나 유치원의 입학 시즌에 맞추는 경우도 많습니다. 예를 들면 3월에 입학이니 1~2달 정도 적응 기간을 함께 보내고 4~5월 정도 복직하는 것입니다. 하지만 너무 무리하게 아이의 입학 시즌에 맞추려고 애를 쓸 필요는 없습니다. 처음 어린이집이나 유치원에 가는 경우는 오히려 학기 중간에 들어가는 것이 더 적응이 빠를 수도 있습니다. 왜냐하면 3월은 아이들이 모두 적응이 낯설어서 많이 울고 선생님들도 정신이 없는 시기입니다. 한 명이 울면 4~5명이 따라 울기 시작하는 장면을 많이 봤습니다. 학기 중간에 들어가면 모든 아이가 적응하고 안정된 분위기이기 때문에 덩달아 불안해 하거나, 울게 되는 일이 줄어들게 됩니다.

가족의 상황을 고려하여 육아 휴직을 사용하자

다음은 육아 휴직을 사용하기 전에 가족의 상황을 고려하는 것입니다. 상황이야 다양하겠지만 배우자의 지방 근무, 해외 근무, 해외 유학 등의 일정이 있을 수 있습니다. 제 경우에는 첫째 아이가 3세 때 남편이 부산에서 일을 하게 되어서 육아 휴직을 사용하여 1년간 함께 지냈습니다. 그리고 그 이후에는 한동안 주말 부부로 지냈습니다. 1년이란 시간이 금방 지나갔지만, 저와 아이에게 부산은 제2의 고향이 되었고 그곳에서 보낸 시간은 좋은 추억으로 남아 있습니다. 만약 피치 못할 사정으로 가족과 떨어져 지내야 하는 상황이라면 이때 육아 휴직을 사용하여 1년이라도 함께 지내는 시간을 마련하는 것이 좋습니다.

또한 가족 중에 몸이 편찮으시거나 간호가 필요한 경우도 들 수 있습니다. 육아를 하면서 다른 가족을 간호하는 것은 물론 어려운 일이지만, 아무래도 직장을 다니면서 하는 것보다는 시간적 여유가 생기기 때문입니다. 육아 휴직 사용 당시 친정아버지가 암 선고를 갑작스럽게 받아서 항암 치료를 받게 되었습니다. 부산에서 살고 있었기에 전적으로 병간호를 하지는 못했지만, 병원에 방문하는 일정들에 맞추어 서울에 와서 부모님을 모시고 병원에 함께 다녔습니다. 회사에 다녔다면 한 달에 한 번 정도밖에 휴가를 내지 못했을 텐데, 휴직 중이라 맘 편히 부모님을 같이 모시고 다녔습니다. 병간호로 지친 어머니에게도 제가 운전하고 보조 역할을 맡아 병원을 함께 다녔던 것은 조금이나마 도움이 되었던 것 같습니다. 아이를 위해 마련된 육아 휴직이지만, 때로는 그 시간의 일부를 배우자나 부모님 혹은 형제, 자매를 위해 쓸 수 있다면 그 또한 감사한 일인 것 같습니다.

가끔 지금의 상황이 힘들어서 충동적으로 육아 휴직을 사용하려는 분들도 있습니다. 물론 그 상황은 정말 공감하지만 당장 쉬고 싶거나, 일이 많거나, 누군가가 나를 힘들게 하여 회사를 떠나고 싶어서 육아 휴직을 사용하지 않았으면 합니다. 조금만 차분히 마음을 가라앉히고 나의 고과 평가 기간, 아이의 성장 과정, 그리고 가족의 상황들을 함께 고려하여 육아 휴직 기간을 생각해 보세요. 그렇게 한다면 훨씬 효과적인 시기를 택하실 수 있을 것입니다. 그리고 휴직 후에도 후회가 아닌 더 큰 만족감을 얻게 되실 것입니다.

육아 휴직 시작 시점을 고르는 3가지 기준

- 회사의 고과 평가 기간을 고려하자.
- 아이의 출산과 성장 과정을 생각하여 휴직 기간을 조정하자.
- 가족(배우자 및 양가 부모님)의 상황을 고려하자.

슬기로운 육아 휴직을 위한 테마 정하기

테마를 적고 계획적으로 실천하는 것과 무턱대고 육아 휴직을 보내는 것은 천지 차이입니다. 혹시라도 여러분이 육아 휴직을 급히 결정하고 휴직을 하셨다면, 지금 당장 닥친 현실이 정신없고 바쁠 수 있습니다. 하지만 잠시라도 시간을 할애해서 다시 없을 귀한 내 육아 휴직에 테마를 정해 보시기 바랍니다. 테마를 정하기가 어렵다면 간단하게 이름표를 붙인다고 생각해 보시면 됩니다. 그 이름표를 방이나 냉장고에 붙여도 좋고, 다이어리에 적어도 좋습니다. 이것은 1년이라는 시간 동안 나아가야 할 목표 지점이 되는 것입니다. 그리고 지금 정한 이 테마는 육아 휴직을 마쳤을 시점에 그동안 내가 보람

된 육아 휴직을 보냈는지 생각해 보게 합니다.

후회 없는 육아 휴직을 위한, 나만의 테마 정하기

제가 정했던 테마를 보여드리겠습니다. 저는 '내가 육아 휴직을 쓰는 목표가 무엇일까?'라고 고민하여 목표를 정했습니다. 둘째 아이와의 애착 형성, 첫째 아이의 책 읽기 훈련, 나의 체력 향상, 친정엄마와 행복 만들기로 정했습니다. 짧은 기간 동안 많은 계획을 적었다고 생각하시는 분도 있을 수 있습니다. 하지만 한 가지 목표를 정하기보다는 2~3개를 정해 실천해 보시는 것이 조금 더 나와 아이에게 유익한 육아 휴직이 될 것입니다.

육아 휴직은 점수가 매겨지는 시험도 아니고 뚫고 헤쳐나가야 하는 미션이 잔뜩 쌓여 있는 기간도 아닙니다. 그러므로 내가 목표로 하는 일을 정하고 그 시간을 소중하게 쓰면 됩니다. 단, 회사에 다니는 것과 비교하면 월급과 승진 등을 포기하고 선택한 귀중한 시간인 만큼 돌이켜봤을 때 후회할 일이 많거나 아쉬운 생각이 많이 들면 안 될 것입니다. '후회 없는 소중한 시간이었다.'라고 육아 휴직을 마무리 짓기 위해서 이렇게 테마를 정하는 시간이 필요합니다.

우선 테마를 선정할 때 누구를 위한 것인지가 그 주체가 명확해야 합니다. 아이를 위한 것이면 전적으로 아이를 위한 시간이 되어야 합니다. 내가 편해지고자 아이를 문화 센터에 보낸다거나 책 읽기에 CD를 틀어 주자는 생각을 버려야 합니다. 내가 조금 불편하고 귀찮더라도 아이를 위한 시간으로 정했다면 아이의 기분과 상황이 최상이 되도록 내가 조금 더 바빠지고 귀찮아져야 합니다. 대신 나를 위한 시간이라면 그만큼 나를 위해 온전한 시간이 되도록 목표가 나에게 집중되어 있어야 합니다

〈육아 휴직 목표 4가지〉

Theme	Action	How to
둘째 아이와 애착 관계 형성	요리 수업 (주 1회)	수업에 결석이나 지각을 하지 않고 다른 분에게 양도하지 않는다. 또한 최대한 내가 직접 아이를 데리고 문화 센터에 가서 즐겁게 지내고 오는 것이 목표이다.
	책 읽기 (하루 30분 이상)	매일 저녁 베드타임 스토리(Bedtime story)를 들려준다. 아이를 안고 소리 내어 책을 읽어 준다.
첫째 아이 책 읽기 훈련	책 읽기 (주 1회 2시간)	주 1회 2시간은 둘째 아이 없이 첫째 아이와 책 읽는 시간을 가진다. 책에 관한 이야기를 나누고 책 읽기가 재미있어지도록 도서관 투어, 연계 활동을 함께 한다.
체력 증진	요가 (1시간)	월~금요일에 요가 수업에 1시간씩 참여하고, 수업에 참여를 못 한다면 홈 트레이닝으로 대체한다.
	골프	스크린 골프를 칠 수 있는 기초 실력으로 만든다.
엄마에게 효도	하와이 여행	엄마와 하와이 여행을 간다. 엄마와 아빠가 좋은 추억을 쌓았던 장소이다.
	엄마와 데이트 (월 1회)	가급적 둘만의 시간을 갖도록 하고 맛집에 가서 식사를 하고 이야기를 나눈다.

테마를 정했다면 이에 대한 실제 액션 플랜(Action Plan)을 짜는 것입니다. 표의 예시처럼 단순한 것이 좋습니다. 한 개의 테마에 1~3개의 활동을 적어도 좋습니다.

육아 휴직 테마를 짤 때 고려해야 하는 점 3가지

육아 휴직 테마를 정하는 데 있어서 중요한 것은 내가 할 수 있는 현실성 있는 범위 안에 계획을 세워야 한다는 것입니다. 첫 번째 현실적인 범위의 대상은 바로 경제적인 예산입니다. 해외여행을 많이 가면 좋겠지만, 육아 휴직 중에는 경제적으로 어려워 여행을 많이 다니기 힘듭니다. 딱 한 번을 가더라도 '꼭 여기는 가겠다.'라는 현실적인 목표를 잡아야 합니다. 굳이 해외여행이 아니더라도 부산, 제주도 등 그동안 쉽게 다녀오지 못했던 국내 여행을 목표로 잡고 실천해 보는 것도 좋습니다. 제 경우는 해외여행과 국내 여행을 한 번씩 목표로 잡고 절약을 하기 위해서 많은 활동을 비용이 거의 들지 않는 도서관이나 여성 회관 등을 이용하였습니다.

두 번째 현실적인 범위는 내가 가용할 수 있는 시간입니다. 아이와 온종일 곁에 붙어서 즐겁게 있어 주면 좋지만, 이는 현실적으로 어려운 부분이 많습니다. 특히 대부분을 외부에서 보냈던 워킹 맘과 워킹 대디에게는 더욱더 그렇습니다. 제 경우에는 둘째 아이와의 애착 형성을 위해 24시간을 아이와 항상 붙어 있거나 하루에 4~5시간 동안 무언가를 하는 무리한 일정으로 잡지 않았습니다. 주 1회 요리 수업, 매일 30분 이상 책 읽기를 최소 목표로 잡아서 그것을 실천하는 데 초점을 두었습니다. 회사에 다닐 때보다는 많은 시간을 함께 보내되 애착 형성을 목표로 하였으니 어떤 활동이 아이에게 좋을지 고민을 하였습니다.

저는 아이를 안고 책을 읽어 주는 것이 애착 형성에 도움이 된다고 생각하여 매일 책 읽기를 하였습니다. 그리고 요리는 아이가 흥미로워하는 분야인데, 실제로 집에서 아이와 처음부터 끝까지 요리를 과정을 함께하지는 않습니다. 가끔 메추리알 껍질 까기, 감자 으깨기, 멸치 똥 빼기 등의 간단한 요리 활동 보조를 하도록 아이에게 요청했습니다. 재료 준비부터 요리의 마무리 과정까지 모두 아이와 집에서 하는 게 제게는 살짝 버거웠기 때문입니다. 그래서 문화 센터의 요리 수업을 신청했습니다. 아이와 함께 요리 수업을 들으니 요리의 전 과정을 아이와 함께할 수 있었습니다.

끝으로 가장 중요한 점은 내 체력을 현실적인 범위 내에서 생각해야 합니다. 많은 분이 육아 휴직을 냈다고 하면 쉰다고 생각을 하곤 합니다. 하지만, 실제로 저에게는 쉬는 시간보다는 육체적으로 더 바쁘고 힘들었습니다. 회사에서 앉아 있는 것과 달리 집에서 육아와 살림을 병행하려면 체력 소모가 더 많았습니다. 회사에서는 컴퓨터를 켜 놓고 커피를 타 오거나 짬짬이 탕비실에 들러 차를 타 오는 시간이 있지만, 아침밥, 아이들을 등원·등교, 청소 등을 하다 보면 그럴 여유도 없습니다. 그래서 처음 육아 휴직을 맞이하는 분들은 의식적으로라도 나만의 명상 시간, 차를 마시는 시간, 짧은 독서 시간 등을 정해 놓고 지키는 노력이 필요합니다.

특히 육아 휴직을 하고 내 건강을 위해서 운동을 시작하는 분이 많습니다. 저도 마찬가지입니다. 그런데 하지 않았던 운동을 갑자기 시작하면 한동안 굉장히 기운이 빠지고 체력이 고갈되어 버립니다. 정작 아이가 오는 시간에 방전이 되어 짜증을 내기도 합니다. 그래서 아이가 자거나 등교·등원한 틈을 이용해 내가 쉬는 시간을 마련하고 오후에 만나게 될 아이와 다시 신나게 보낼 수 있도록 기력을 충전해야 합니다. 이처럼 경제적인 예산과 내가 현실적으로 가용할 수 있는 시간, 내 체력 등을 전반적으로 고려해 계획을 짜는 것이 중요합니다.

목표 실현을 구체화시키는 How to

계획을 구체화하다 보면 육아 휴직의 목표를 실현할 가능성이 커집니다. 또한 How to에는 만약 계획이 지켜지지 않았을 때 대안을 함께 적어 두는 것도 좋습니다. 제 경우는 늦잠을 자거나 여행 등으로 피트니스에 가는 것을 빼먹은 경우가 많은데, 이런 경우는 '홈 트레이닝으로 대신에 한다.'는 문구를 보며 되도록 집에서 스스로 운동을 하려고 노력했습니다.

육아 휴직 테마를 떠올려 보고 계획을 짜는 일과 How to 작성까지, '육아 휴직을 하고 왜 이런 것까지 해야 하지?'라는 생각이 들 수도 있는데, 길어야 30분이 넘지 않는 이 시간은 여러분의 육아 휴직을 알차게 보낼 수 있도록 하는 계기가 될 것입니다.

육아 휴직 테마를 작성하는 효과적인 방법

- 테마의 주인공을 정해서 계획을 정리한다.
- 경제적인 상황을 고려해 예산 내에서 실천 계획을 세운다.
- 내가 가용할 수 있는 시간을 가늠한다.
- 현실적인 내 체력 범위를 생각한다.

작심삼일 시간표라도 괜찮아

우리의 일생 중에서 소중하지 않은 시기는 없다지만, 어렵게 육아 휴직을 받은 워킹 맘과 워킹 대디에게는 이 시기가 더욱더 소중하게 느껴질 것입니다. 회사의 업무에서 1년간 잠시 벗어나 사랑스러운 내 아이와 함께 있을 수 있으니 얼마나 특별한 시기일까요? 그렇기에 이런 금쪽같은 육아 휴직 기간을 계획 없이 보내서는 절대 안 됩니다. 힘들게 따낸 육아 휴직이 아이와 나 자신에게 유용하고 좋은 추억으로 남을 수 있도록 이 시간을 잘 계획하고 준비해야 합니다. 그렇지 않으면 '이제 적응하고 알 만하다.'라고 느낄 시점에 육아 휴직이 끝나 버리기 때문입니다.

초등학생처럼 시간표를 짜 보자

'초등학교 방학 시간표도 아니고 시간표를 짜라고요?'라고 되물을 수도 있겠지만, 일주일 치나 한 달 치의 시간표를 짜 보고 실천하는 것이 중요합니다. 초등학생처럼 동그란 원을 그려서 시간표를 짜도 좋고, 간단하게 띠 그래프를 그려서 시간대를 쭉 적는 것도 좋습니다. 요즘에는 김유진 변호사님이나 김미경 강사님 등이 활용하기 좋은 다이어리를 많이 내놓으셨습니다. 이처럼 시간 관리를 잘하는 분들의 노하우가 담긴 다이어리를 사용해서 육아 휴직 일정을 짜 보는 것도 좋습니다.

앞에서 말씀드린 것처럼 육아 휴직을 시작하기 전에 나름의 목표를 정하고 시작합니다. 하지만 이렇게 마음을 먹고 시작한 일이라도 눈앞에 닥친 일을 처리하다 보면 하루가 금방 지나가 버리게 됩니다. 며칠이 지나서 이루지 못한 계획을 돌아보며 스스로 실망하고 좌절하기도 합니다. 이러한 날들이 자꾸 반복되면 괜히 우울한 기분마저 들게 됩니다.

혹시 계획을 짜고 잘 지켜지지 않을까 봐 미리 걱정되긴 하지만, 시간표를 짜 보면 마음가짐이 달라집니다. 그리고 작심삼일 시간표라고 무시하지 말고 3일 뒤에 다시 되돌아보고 지키지 못한 부분을 살펴보고 고치는 것이 중요합니다. 작심삼일을 계속 반복하다가 보면 차츰 습관으로 자리 잡을 것입니다.

사행습인운(思行習人運)이란 말을 들어 보셨는지요? 생각을 바꾸면 행동이 바뀌고, 행동이 바뀌면 습관이 바뀌고, 습관이 바뀌면 성격과 인생이 바뀌고, 인격이 바뀌면 운명이 바뀐다는 뜻입니다. 단순하게 육아 휴직에 테마를 잘 지킬 수 있도록 생각을 바꾸고 계획표를 짰을 뿐인데, 이것이 습관으로 자리를 잡습니다. 이렇게 1년이라는 시간이 여러분의 인생과 나아가 운명을 바꾸는 마중물 역할을 할 수도 있습니다.

적절한 균형이 필요한 일일 시간표

그럼 같이 시간표를 짜 볼까요? 매일 하는 일이 똑같이 반복된다면 시간표가 하나여도 좋습니다. 요일마다 조금씩 차이가 있다면 2~3개의 시간표를 짜거나 공통 시간표 하나에 스케줄러를 함께 사용하는 것을 추천해 드립니다. 저는 공통된 시간표에 요일별로 다른 일정을 표기에 하였습니다. 일일 시간표를 아주 간단하게 표현하면 오른쪽 도식과 같습니다.

제가 운동하거나 둘째 아이와 베드 타임 스토리 시간을 갖는 것처럼 매일 반복되는 일상이 있습니다. 둘째 아이와 요리 수업을 하러 가는 날(월 3시), 첫째 아이와 도서관 가서 책을 보는 날(화, 목)처럼 요일마다 다른 일정이 있습니다.

〈일일 시간표〉

<table>
<tr><td>06</td><td>골프</td><td></td></tr>
<tr><td>07</td><td>아침 식사</td><td></td></tr>
<tr><td>08</td><td>등원 준비</td><td></td></tr>
<tr><td>09</td><td>청소</td><td></td></tr>
<tr><td>10</td><td>요가</td><td rowspan="3">*월·수요일 : 여성 회관</td></tr>
<tr><td>11</td><td></td></tr>
<tr><td>12</td><td>점심 식사</td></tr>
<tr><td>13</td><td></td><td></td></tr>
<tr><td>14</td><td></td><td></td></tr>
<tr><td>15</td><td>하교·하원</td><td rowspan="3">*월요일 : 요리(둘째 아이)
*화·목요일 : 책 읽기(첫째 아이)</td></tr>
<tr><td>16</td><td rowspan="2">산책,
놀이터, 자전거</td></tr>
<tr><td>17</td></tr>
<tr><td>18</td><td>저녁 식사</td><td></td></tr>
<tr><td>19</td><td></td><td rowspan="2">*금요일 : 보드 게임(첫째 아이)</td></tr>
<tr><td>20</td><td>베드 타임 스토리(둘째 아이)</td></tr>
<tr><td>21</td><td>홈 스쿨링(첫째 아이)</td><td></td></tr>
</table>

그리고 빈 공백은 자유 시간으로 일정에 따라 다르게 사용했습니다. 아이들이 등원·등교한 이후 시간에는 제가 만나고 싶은 지인을 만나거나 책을 읽는 시간으로 활용하였습니다. 또한 아이들이 집에 돌아온 후에는 산책을 하거나 근처 놀이터 등에 놀러 가는 일정으로 보냈습니다. 시간표를 작성할 때 중요한 것은 하루 일정에 시간 분배가 아이와 나에게 적절하게 균형을 이루고 있는지 봐야 합니다. 육아

휴직인데 아이를 위한 시간이 너무 적어도 안 되고, 반대로 아이를 위해서만 온종일 시간을 할애하다 보면 정작 부모가 기운이 빠지고 공허한 느낌이 들게 될 것입니다.

신의진 박사(연세대학교 대학원 정신과학 교수)는 저서 〈나는 아이보다 나를 더 사랑한다〉에서 아픈 아이들을 치유하기에 앞서 부모를 살펴본다고 하였습니다. 그 이유는 아이보다 부모에게 문제가 있을 확률이 80%를 넘기 때문이라고 합니다. 반대로 부모가 자신의 상처를 치유하고 행복해지면 아이와 올바른 관계를 맺으며 서로 행복해지는 길을 찾을 수 있다고 하였습니다. 저도 이 내용에 100% 동의를 합니다. 아무리 좋은 환경과 다양한 교구를 아이를 위해 마련했어도 곁에 있는 부모가 우울한 표정과 짜증을 내는 목소리를 아이에게 자주 보인다면 당연히 좋은 육아가 이루어질 수 없습니다.

그래서 일일 시간표를 짤 때는 아이와 부모가 유익한 시간을 보내는지, 서로의 휴식 시간이 최소한이라도 지켜지는지를 살펴봐야 합니다. 아이에게 짜증을 내지 않기 위해서 부모의 휴식 시간은 필수입니다. 그렇기에 가장 중요한 점은 절대로 무리한 일정을 짜면 안 된다는 것입니다. 그래서 일정 중간에 내가 쉴 수 있는 시간을 꼭 추가하시기를 바랍니다. 내가 충전하는 시간이 낮에 있어야 저녁까지 버틸 수 있습니다.

실제로 계획을 세우고 일주일을 지내보면 일정에 수정이 필요한지 아닌지를 알 수 있습니다. 너무 힘들었다면 일정을 빼야 하고 여유가 있었다면 다른 활동을 집어넣을 수도 있습니다. 조금씩 나와 아이의 상황에 맞게 계획을 수정하면, 한 달 뒤에는 내게 최적화된 일일 계획표가 되어 있을 것입니다.

또한 월간 계획도 잊지 마시기 바랍니다. 저는 다이어리를 활용했습니다. 우선 제 두 번째 육아 휴직에 큰 이벤트였던 제주도 여행과 하와이 여행을 미리 표기하여 일정을 조절했습니다. 특히 하와이 여행은 식구 모두가 일정을 맞춰야 하는 문제와 금전적인 부담도 있었기에 어렵지 않을까 생각했지만, 정말 갖은 방법을 동원해서 이루려는 제 모습을 보게 되었습니다.

꼼꼼하게 체크 리스트 작성하기

일상 시간표가 어느 정도 세워졌다면 매일 해야 할 일은 하루 목표와 체크 리스트를 적는 것입니다. 회사에서 스케줄러에 하루의 일과를 적고 확인을 하는 것처럼 말입니다. 오늘 한 일에 줄을 그으면 작은 쾌감도 느껴집니다. 가사나 육아는 누군가 확인하거나 성과를 칭찬해 주지 않습니다. 그렇기 때문에 스스로 확인하고 칭찬을 하는 일이 필요합니다. 체크 리스트에는 강아지 집 치우기, 어항 닦기, 신발장 정리 등과 같이 너무 사소하게 느껴지는 항목도 모두 적어 보는 것입니다.

집에 있다 보면 별로 한 것도 없는데, 진이 빠지고 시간이 훅 지나가기 쉽습니다. 하루가 지나고 나면 '내가 뭐 했나.'라는 생각이 들기도 합니다. 이렇게 항목을 적어서 일을 하면 작은 일을 하고도 보람이 느껴지고 내가 하는 일에 패턴이 정리됩니다. 가사와 육아를 하면서 이렇게 많은 일을 한다고 새삼 느끼게 되실 수 있습니다.

하루의 목표와 체크 리스트는 가급적 전날 저녁에 적는 게 좋습니다. 출근을 할 때도 옷을 하루 전날에 고르고 자거나 가지고 나갈 물건을 현관 앞에 챙겨 놓으면 당일 아침에 허둥대거나 빠트리는 일이 없습니다. 마찬가지로 하루의 목표를 적는 것도 당일 아침에 적는 것보다 전날 저녁 시간에 적으면 조금 더 체계적으로 일을 정리할 수 있습니다.

완벽한 육아 휴직을 위한 유연한 계획 설정

계획은 변해도 좋습니다. 내가 정한 테마의 주제를 크게 벗어나지 않은 범위 내에서 유연하게 움직이시기 바랍니다. 제 계획도 변경되었습니다. 육아 휴직을 사용한 가장 큰 목적은 또래보다 말이 늦어진 둘째 아이의 언어 치료 때문이었습니다. 그런데 언어 치료를 받은 지 한 달 만에 선생님께서 아이의 상태가 좋아졌다고 이야기해 주셨습니다. 덕분에 일주일에 두 번 치료를 받으러 가기로 했던 일정은 사라지고 대신 매일 저녁 자기 전에 책을 읽어 주는 일정으로 변경하였습니다.

엄마와 식사하는 일정은 처음부터 계획한 것은 아닙니다. 제 육아 휴직이 거의 끝나갈 무렵이 되어서야 뒤늦게 세운 일정입니다. 육아 휴직은 나와 아이를 위한 시간이기도 했지만, 아이와 함께 있는 시간이 많아지다 보니 힘들 때마다 엄마가 가장 많이 생각이 났습니다. 그리고 문득 제 휴대폰과 인스타그램을 보고 느꼈습니다. 아이들 사진은 가득한데 정작 엄마와 찍은 사진이 너무 없었습니다. 그래서 한 달에 한 번이라도 엄마와 별도로 데이트를 하며 맛있는 것도 먹고 사진을 찍자고 마음먹었습니다.

그럼 제가 완벽하게 육아 휴직 시간을 잘 활용하고 시간 배분을 잘 했느냐? 사실 절대 그렇지 않습니다. 지금도 돌이켜 보면 제 육아 휴직 시간 배분에 남편은 없었습니다. 너무 나와 아이들 위주로 생활하다 보니 지금도 남편에게 미안한 마음이 드는 것은 사실입니다. 그래서 조금 더 이상적인 시간 배분을 추천해 드린다면, 일주일에 한 번 정도는 배우자와 오붓한 시간을 보내는 것입니다. 아무리 육아 휴직을 쓰더라도 일주일 내내 살림과 육아를 다 혼자 할 수는 없습니다. 일주일에 한 번이나 한 달에 한 번은 양가 부모님 찬스를 활용하여, 한 시간이라도 부부가 단둘이 있는 시간도 가지시길 권해 드립니다.

또한 저는 생각과 말의 힘을 믿습니다. 계획표를 세우고 계획에 대해 생각하고 직접 소리 내어 읽어 보시기 바랍니다. 해내기 힘들 것 같은 일들은 더욱 소리를 내어 읽어 보셔도 좋습니다. 그리고 그 계획이 하나씩 여러분의 습관으로 자리 잡길 바랍니다. 하루가 아무리 바쁘고 정신이 없어도 전날 저녁이나 당일 아침에 정해 놓은 계획대로 묵묵하게 실천하는 것이 좋습니다.

육아 휴직 시간표 짜는 방법

- 테마에 맞는 일일 시간표를 만들어 본다.
- 주요 일정은 월간 계획표에 작성한다.
- 아이와 나 그리고 배우자의 시간이 적정하게 배분되어 있는지 살펴본다.
- 하루 계획은 가급적 전날 저녁에 작성한다.
- 작은 일이라도 마치면 체크 리스트에 표기한다
- 일주일 정도 계획을 시행해 보고, 수정이 필요하다면 변경한다.

우리 집의 재정 유지는 괜찮을까?

이번에는 육아 휴직 시 재정적인 부분에 대해서 이야기해 보겠습니다. 맞벌이였던 가정에서 한쪽이 육아 휴직을 해도 큰 무리 없이 잘 지내는 집이 있고, 어떤 집은 재정적으로 힘든 시기를 보내는 집도 있습니다. 저는 처음에 이 부분이 의아했습니다. 저희 집은 후자였습니다. 두 번째 육아 휴직을 막 시작했던 2019년 초에 저는 재정적으로 너무 힘들었습니다. 남편이 공무원 시험을 보고 직장을 옮기면서 급여가 줄어든 데다가 제 급여가 육아 휴직 급여로 대체되니 그런가 보다 했습니다. 그런데 막상 주변에 같이 육아 휴직을 쓴 다른 친구의 가정을 보니 저처럼 힘들지 않은 것 같았습니다. 처음에는 '다

들 나처럼 힘든데 겉으로 티 내기 싫어서 괜찮다고 하는 거겠지.'라고 생각했습니다. 그런데 차츰 다른 가정과 우리 집을 비교해 보면서 몇 가지 차이가 있는 것을 발견했습니다.

자녀의 수와 연령에 따른 재정 환경 변화

똑같이 자녀가 2명이고 4인 가족이지만, 저희 집은 자녀가 10세(초등학교 3학년), 5세(유치원), 친구의 가정은 5세(유치원), 3세(어린이집) 이렇게 자녀의 연령이 달랐습니다. 아이가 영아기나 유아기인 집은 아이한테 들어가는 비용이 기존 소득 대비 10~20% 이내인 경우가 대부분입니다. 즉 분윳값, 기저귓값, 이유식비, 장난감이나 교구비 등도 꾸준히 들어가지만 가정의 총수입과 비교해 보면 그 비율이 높지 않습니다. 아마도 자녀가 취학기에 이르면 분윳값보다 훨씬 더 큰돈이 든다고 절실히 깨닫게 되실 것입니다.

저도 오래전 기억을 더듬어 2012년 첫 육아 휴직 당시를 떠올려 보니, 아이가 3세였고 가족 수도 3명이었던 터라 휴직을 하고도 크게 재정적인 부담을 느끼지 못하고 지냈습니다. 하지만 아이가 취학 연령에 이르니 상황이 많이 달라졌습니다. 자녀가 2인 이상이거나 초중고에 다니는 자녀가 있는 경우에는 교육비로 들어가는 비용이 소득의 20%를 넘는 경우가 많습니다. 학과 관련 학원이 아니더라도 예체능을 포함한 교육비 비중이 늘어나기 때문입니다. 따라서 한쪽 수입원이 확 줄어들게 되는 경우, 후자의 가정이 전자의 가정보다 훨씬 큰 부담감을 느끼게 되는 것입니다.

과연 고정비를 줄일 수 있을까?

식비, 생활비, 의류, 미용, 화장품 등은 마음을 먹으면 조금씩 줄일 수 있습니다. 하지만 월세나 대출금 등 목돈이 지속해서 빠져나가는 가정은 쉽게 지출 항목을 줄이기 어렵습니다.

저는 첫 번째 육아 휴직 당시에는 전셋집에 있어서 고정적으로 크게 지출되는 돈은 없었지만, 두 번째 육아 휴직 시기에는 친정에서 엄마와 같이 살고 있어서 월 100만 원을 관리비 비용으로 드렸습니다. 월세나 대출금은 아니었지만, 저에게는 나름 항목이 큰 고정비였습니다. 직장을 다닐 때는 조금 더 많은 금액을 드리고도 제 부담은 적었는데 휴직 중에 일정 금액이 계속 고정비로 나가게 되니 저에게는 어느 정도 부담이 되었습니다. 이처럼 목돈이 고정비로 나가는 집은 기존 월급이 없어질 경우 큰 재정적인 부담감을 느끼게 되는 것입니다. 육아 휴직 급여로 받는 돈은 90만 원 내외인데, 월세나 대출금으로 100만 원 이상이 나간다면, 육아 휴직 급여를 받고도 마이너스가 나는 구조이니 다른 배우자의 급여에 의존도가 훨씬 커지게 됩니다.

우리 집 과소비 지수를 알아보자

먼저 우리 집의 씀씀이에 대해서 살펴봐야 합니다. 간단하게 알아볼 수 있는 방법은 아래의 과소비 지수(금융감독원, 2008)를 살펴보는 것입니다.

과소비 지수=(월 평균 수입 - 월평균 저축) / 월평균 수입

100만 원을 벌어서 전부 소비 : (100 - 0) / 100 = 1 _재정 파탄 수준

100만 원을 벌어서 30만 원 저축 : (100 - 30) / 100 = 0.7 _과소비 상태

100만 원을 벌어서 40만 원 저축 : (100 - 40) / 100 = 0.6 _적정 소비 상태

100만 원을 벌어서 50만 원 저축 : (100 - 50) / 100 = 0.5 _근검절약 상태

맞벌이 가정이라고 모두 씀씀이가 큰 것은 아닙니다. 하지만 많은 맞벌이 가정이 식비는 물론이고 생활비, 의류비, 주거비, 교육비, 문화비, 교통비 등 모든 항목의 지출이 큰 경우가 많습니다. 저희 집은 전반적인 항목의 소비가 컸습니다. 교육비는 물론이고 주말에 대부분 외식하였기에 식비 부담도 컸습니다. 남편과 저도 비싼 옷은 아니어도 계절마다 한두 벌씩 사서 옷장을 채웠습니다. 1대는 스페어 용이긴 했지만 차도 2대를 보유하고 있었고, 국내와 해외여행도 잊지 않고 다녔습니다.

마치 끓는 물 속의 개구리처럼 서서히 증가하는 지출 금액은 크게

느끼지도 못하면서 점차 소비가 불어나 있었습니다. 막상 반대로 소비를 줄이기 위해서는 정말로 피나는 노력이 필요합니다.

반면에 맞벌이지만 한쪽 급여를 대부분 저축할 정도로 알뜰한 생활을 하는 가정도 있습니다. 이런 가정은 육아 휴직 급여로 받는 부담감은 크게 느끼지 못할 것입니다. 육아 휴직 기간 동안 저축 비중만 줄이고, 생활비 항목을 낮추기 위한 각고의 노력은 하지 않아도 됩니다.

육아 휴직 전에 저희 집의 과소비 지수는 0.7 이상 수준으로 과소비 상태였습니다. 그래서 육아 휴직 당시 재정적인 부담을 느꼈던 것 같습니다. 그리고 6개월 이상 꾸준히 소비를 줄이고 노력한 결과 현재는 적정 소비 상태로 지내고 있습니다. 아이와 좀 더 행복한 시간을 보내고자 낸 육아 휴직인데, 재정적인 어려움이나 고민 탓에 그 의미가 퇴색될 수 있습니다. 그러기 위해서는 미리 계획하고 준비하는 자세가 필요합니다.

육아 휴직 시 재정적인 어려움이 예상되는 가정

- 자녀의 수가 2명 이상이고, 연령이 초등학생 이상인 경우.
- 월세, 대출금 등 목돈의 고정비가 육아 휴직 급여보다 높은 경우.
- 기본적인 씀씀이가 커진 경우.

씀씀이가 커서 육아 휴직이 부담된다면?

이번에는 살림 씀씀이가 커진 가정에 대해서 육아 휴직을 하는 동안 취할 수 있는 몇 가지 팁을 드리고자 합니다. 기본 씀씀이가 큰 가정은 노력을 한다면 여러 방면에서 경제적인 지출을 줄일 수 있는 요소가 많습니다. 다만 이러한 부분은 나 혼자만 노력하기보다는 가족이 함께 참여해야 효과가 커질 수 있습니다. 그렇기에 배우자뿐만 아니라 초등학교 이상 자녀가 있다면 함께 실천할 수 있도록 취지를 공유하고 서로를 격려해 줄 수 있는 분위기가 형성되는 게 중요합니다.

미니멀리즘, 지금이 딱이야!

몇 년 전부터 전 세계는 물론 우리나라도 미니멀리즘(minimalism)이 유행하고 있습니다. 처음에는 예술계에서 시작된 용어이지만 최근에는 인테리어, 패션, 생활 방식까지도 미니멀리즘을 접목하고 있습니다. 미니멀리즘 인테리어를 검색해 보면 깔끔한 집의 이미지가 넘쳐납니다. 방마다 살림살이가 가득하고 옷장에는 여유가 없을 정도로 옷이 빽빽한 저희 집과는 정말 동떨어진 모습입니다. 육아 휴직을 하고 소득이 줄어도 사고 싶은 것은 여전히 많습니다. 하지만 예전만큼 사고 싶은 것을 모두 구매하는 것이 부담되다 보니 저는 스스로를 미니멀리즘을 지향하는 사람이 되었습니다. 더하기를 하는 것은 자꾸 돈이 드는 일입니다. 그리고 소비는 또 다른 소비를 부르곤 합니다. 하지만 빼기를 하는 것은 제가 시간과 노력만 있으면 가능한 일이기에 수입이 줄고 시간이 늘어난 육아 휴직 기간에 딱 적합한 일입니다.

먼저 필요 없는 과거의 물건을 덜어 내면서 그 물건과 함께 묶여 있던 집착과 후회 등의 감정도 함께 비웁니다. 그리고 언젠가 필요하지 않을까 싶어서 쌓아 둔 미래에 필요한 물건도 함께 덜어 냅니다. 그럼 남은 물건은 현재 나에게 필요한 물건이 됩니다. 지금 필요로 하는 물건은 무엇이고 이것이 내게 주는 가치가 무엇인지 살펴보면 여유를 가지고 현재를 즐기며 주위를 보살필 수 있게 됩니다. 미니멀 라이프를 실천하다 보면 자연스럽게 씀씀이가 줄고 지출을 할 때 여러 번 고민을 하게 됩니다. 내가 애써서 비운 공간을 다시 어떤 물건으로 채울 때 그만큼의 가치가 있는지 신중하게 생각하게 됩니다.

미니멀리즘에 대해 전혀 몰랐던 저는 유튜버(라일락나무, 그래서젊다, 티아 등)와 매일 정리 1개/100일/100개 버리기라는 밴드 등을 통해서 제가 추구하는 삶의 방식과 비슷한 분을 보고 따라 하며 제 생활에서 실천했습니다. 특히 물건을 정리하면서 종량제 쓰레기봉투에 넣어 버리는 물건과 중고 시장에 판매할 물건을 나누어 구분했습니다. 저는 중고 제품은 집 근처에서 손쉽게 판매할 수 있도록 당근마켓을 이용하고 있습니다. 이렇게 중고 물품을 판매하여 얻는 금액은 별도에 통장을 만들어 돈을 조금씩 모았습니다. 작년에도 물건을 판매한 금액으로 20만 원가량 모았고, 올해에도 지속해서 별도 통장에 중고로 판매 수익금을 모으고 있습니다. 나름 목돈이 되면 금액은 연말에 의미 있는 곳에 사용할 예정입니다.

한두 번 중고 시장에 올렸지만, 판매되지 않은 물건은 모아서 아름다운 가게에 기증하였습니다. 19년도 육아 휴직 기간 동안 기증한 물품은 금액은 약 60만 원가량 되었습니다. 미니멀 라이프를 추구하며 물건을 정리하고 버리다 보면 일단 소비가 확연히 줄어드는 것을 느낄 수 있습니다. 과거와 미래를 덜어낸 그 자리가 지속할 수 있도록 새로운 물건을 들이지 않으니 자연스럽게 소비가 줄어들게 되었습니다. 그리고 부수적으로 물건을 판매한 수익금도 발생했고, 나아가 수익을 기증하여 연말 정산 혜택도 추가로 받을 수 있었습니다.

한 번에 완벽한 미니멀 라이프를 이루기는 힘든 일입니다. 저도 아직은 초보지만, 이를 통해 불필요한 것을 덜음으로써 조금이마나 제게 가장 소중한 것을 깨닫고 있습니다. 즉 불필요한 요소를 제거하고 본질을 들여다보게 되는 것입니다. 물건이 줄어들수록 정리하고 찾는 시간이 줄어들며, 내가 진짜 좋아하는 물건만 남게 됩니다.

미니멀리즘의 시작은 냉장고부터

어디서부터 미니멀리즘을 시작하면 좋을지 망설이는 분들에게 가장 추천하고 싶은 부분은 바로 냉장고 정리입니다. 특히 아이가 있는 가정은 식자재의 사용 빈도가 높기 때문에 냉장고 정리가 중요합니다. 냉장고를 정리하고 식재료를 일주일 안에 먹을 수 있는 분량으로 관리한다면 경제적인 절약은 물론 가족의 건강까지 한 번에 잡을 수 있습니다.

보통은 냉장고 안에 식재료가 가득 들어차 있어서 저 깊숙한 곳에 무엇이 있는지 1년 동안 모르는 경우가 많습니다. 냉장고에 음식을 보관할 때는 아끼기 위한 의도로 넣었지만, 이런 식자재가 너무 많이 쌓이다 보니 유통 기한이 지나 결국 버려지기도 하고 방치되기도 합니다. 물건을 아끼고 소중히 여기는 것은 분명 훌륭하고 칭찬할 부분입니다. 하지만 잘못하면 필요하지 않은 것들까지 쌓아 두고 이로 인해 정작 필요한 것을 제때 못 찾는 일이 벌어집니다.

저는 본의 아니게 냉장고에 많은 식자재를 보관해 두지 못했는데, 바로 단문형 냉장고 때문입니다. 신혼집이 15평이었던 관계로 부엌 사이즈에 맞춰 단문형 냉장고를 사용했습니다. 처음에는 너무 작은 게 아닐까 걱정이 되었는데, 막상 사용하고 보니 오히려 장점이 많았습니다. 식재료를 일주일 분량만 사게 되니 세일한다고 무턱대고 사서 보관해 두는 일이 없었습니다. 그렇기에 내용물이 많지 않으니 식자재가 훤히 보였습니다. 굳이 유통 기한을 적어 놓지 않아도 제 시기에 맞춰 사용하게 되고 버려지는 재료가 거의 없었습니다. 냉동고도 작다 보니 소량의 생선과 육류만 제외하고는 냉동식품을 많이 구비해 놓지 않았습니다. 아이들이 좋아하는 냉동식품류를 사게 되어도 소량으로 구매하고 1~2주 안에는 소진했습니다. 자연스럽게 쟁기는 습관이 없다 보니 냉장고는 비교적 60~70%만 채워진 상태였습니다.

단문형 냉장고에 이어 제가 식자재를 쟁여 두지 않게 된 두 번째 배경은 재래시장 덕분입니다. 부산에서 생활할 때는 조금 걸어가면 갈 수 있는 재래시장이 있어 유모차를 끌고 나가 장을 봤습니다. 육아 휴직 기간에는 매일 장을 볼 수 있는 시간적 여유가 있어 시장에서 하루 식재료만 사서 요리를 했습니다. 재래시장에는 1~3만 원만 들고 나가도 살 수 있는 신선한 제철 음식이 많습니다. 대형 카트가 있는 마트에서는 물건을 담다 보면 10만 원이 우습게 나갑니다. 반면에 재래시장에서는 이런 카트가 없다 보니 팔이 빠지게 식자재를 살 수도 없고 자연스럽게 필요한 음식 재료만 사게 됩니다. 이처럼 재래시장을 이용하면 제철 음식도 사고 필요한 적정량만 사게 되는 이점이 있습니다.

여러분께 단문형 냉장고를 추천해 드리거나 근처에 없는 재래시장을 이용하라고 말씀드리는 것은 아닙니다. 요즘 젊은 세대 중에 저처럼 단문형 냉장고에 재래시장을 이용하는 경우는 오히려 희귀한 케이스라고 생각됩니다. 그저 제가 냉장고를 나름 미니멀리즘으로 관리할 수 있었던 배경을 좀 장황하게 설명해 드렸다고 봐주시면 좋겠습니다.

하지만 육아 휴직 기간 동안 한 번은 마음먹고 냉장고 있는 물건을 다 꺼내 보시기를 바랍니다. 이때 몇 달 동안 손이 안 갔거나 유통 기한도 모르는 식자재는 싹 정리할 필요가 있습니다. 당장 식자재를 버리는 게 아깝고 오히려 돈을 낭비하는 것 같지만 그렇지 않습니다. 앞으로 재고 관리를 제대로 할 수 있는 환경을 마련하는 것입니다. 처음에는 꽉 찼던 냉장고가 비워진 모습에 허한 느낌이 들 수 있습니다. 그래서 빨리 새로운 물건으로 채워야겠다고 생각할 수 있습니다. 주의하셔야 할 점은 한 번 정리된 냉장고는 너무나 쉽게 도로 아미타불이 될 수 있습니다. 주말에 마트에서 10~20만 원어치 장을 보면 다시 도루묵입니다. 따라서 한 번 냉장고를 싹 다 정리하고 나면 한동안은 근처 작은 슈퍼마켓 등을 활용해서 1~2일 치의 식자재만 사는 연습을 하는 것이 좋습니다. 처음에는 불편해도 신선한 재료를 이용하며 가벼운 냉장고를 사용하는 습관에 점차 익숙해질 것입니다.

일주일에 4~5일씩 매번 2~3만 원어치를 구매하는 것과 주말에 한 번 10만 원어치를 구매하는 것이 결국은 같은 금액이 아닐까 생각이 될 수 있습니다. 저도 처음에는 그 돈이 그 돈이라 생각되었는데, 실제로 경험해 보니 전자가 확실히 절약되는 효과가 있었습니다. 1평도 안 되는 공간의 작은 변화이지만, 단출하면서도 신선한 재료가 있는 미니멀리즘의 냉장고에 도전해 보시기 바랍니다.

일 년쯤은 짠돌이·짠순이

미니멀 라이프와도 연관되어 있지만, 조금 더 적극적인 방법으로는 짠돌이 카페에 가입해 보거나 절약 노하우가 담긴 책을 함께 보며 실천해 나가는 것입니다. 미니멀 라이프가 비움을 실천하며 다소 우아하게 소비를 줄이는 방법이라면, 짠돌이 방법은 조금은 적극적인 방법으로 돈을 통제하고 절약하는 방법입니다.

'육아 휴직을 했다고 찌질하게 살거나 없어 보이게 하는 것은 싫은데.'라고 생각하시는 분들도 더러 있을 수 있습니다. 하지만 현실적으로 말씀드리자면, 내 월급이 없어지고 육아 휴직 급여로 대체되면서 수입이 반 토막 나는 상황에서 이렇게 적극적인 방법으로 소비를 줄이지 않으면 실제로 몇 달을 버티기가 힘들 수 있습니다. 그나마 다행인 점은 짠돌이 생활도 딱 1년의 기간이 정해져 있다는 것입니다. 평생을 그렇게 살라는 것도 아니고, 나에게는 돌아갈 회사가 있고 다시 예전처럼 수입이 정상적으로 돌아온다고 생각하면 마음이 훨씬 누그러질 것입니다. 불행하다고 생각하지 말고 1년만 내가 그동안 하지 못한 '재정 다이어트'를 한다는 생각을 가지는 것은 어떨까요?

많은 짠돌이 대표 주자가 이야기하는 것은 가계부를 쓰라는 것입니다. 제가 두 번째 육아 휴직을 하기 전에는 가계부를 전혀 쓰지 않았습니다. 결혼한 지 10년 가까이 되었는데도 말이죠. 대략적인 수입, 지출을 가늠하며 겨우 생활을 했습니다. 혹시 10~20만 원 마이너스가 난다면 신용 카드로 1달 대출을 받고 다음 달에 다시 갚았습니다. 누군가가 저에게 한 달 식비가 얼마나 드냐고 물어본다면 정확한 금액을 얘기할 수 없었습니다.

하지만 육아 휴직을 하고 매달 가계부를 쓰면서 외식을 하지 않은 달과 외식을 많이 한 달의 식비가 어느 정도 차이가 나는지와 우리 가계 소비에서 많이 나가는 항목은 무엇인지 샅샅이 파악하게 되었습니다. 1~2달 정도 가계부를 작성하면서 우리 가계의 상황이 대략 눈에 들어오기에 소비를 줄일 수 있는 항목이 파악되었습니다. 훨씬 적극적이고 구체적으로 절약할 수 있는 항목을 찾게 된 것입니다.

짠돌이 관련 책과 카페, 블로그, 유튜브 등을 살펴보면, 가계부를 쓰면서 전반적인 가계의 재정을 파악하고 보험료, 통신비 줄이는 방법이나 적금·예금으로 목돈을 마련하는 방법 등 굵직하고 다양한 재태크 방법이 정말 많이 소개되어 있습니다. 이런저런 노하우를 배우면서 저도 자연스럽게 외식보다는 집밥을 해 먹고, 자동차를 타기보다는 대중교통을 이용하며, 당연하게 여기던 10만 원가량의 통신비를 절반 이하로 줄였습니다. 또한 친구들과 커피숍에서 만나 수다 떨던 것도 집으로 초대해서 커피를 대접하는 등 생활 전반에 있어서 절약하는 방법을 터득하게 되었습니다.

육아 휴직을 계획하고 계신 분 중에서 전반적인 생활비가 크게 잡혀 있는 분이 있다면, 먼저 가계부를 작성해 보시기 바랍니다. 집밥을 먹으니 어떤 재료로 요리가 되는지 훤히 보여 안심이 되고, 매일 조금씩 장을 보며 늘 신선한 재료로 요리를 하니 건강한 음식이 되며, 승용차 대신 대중교통을 이용하니 많이 걸어서 운동도 되었습니다. 소비를 줄이고 절약하며 사는 것이 힘들 줄만 알았는데, 막상 경험을 해 보니 내 삶에 도움이 되는 기분이 들었습니다. 가계 씀씀이가 커져서 육아 휴직이 고민되시는 분들이라면 미니멀 라이프와 짠돌이의 세계로 들어와 보시기 바랍니다.

기본적인 씀씀이를 줄이는 방법

- 미니멀 라이프 고수를 보고 배우며 미니멀리즘을 추구해 본다.
- 딱 1년만 짠돌이, 짠순이 생활을 즐겨 보자.

고정비가 부담되어 육아 휴직을 못 하겠다면?

고정비에 대한 부담으로 인해 육아 휴직을 고민하고 계시는 워킹 맘과 워킹 대디에게 도움이 될만한 팁을 드리려 합니다. 자녀의 교육비가 많거나 기본적인 씀씀이가 큰 경우에 비하여 고정비가 높은 경우는 지출 항목을 줄이기 힘듭니다. 교육비야 육아 휴직 기간 동안 눈 딱 감고 줄일 수도 있고 식비, 생활비, 의류, 미용, 화장품, 여행 경비 등은 마음만 먹으면 조금씩 줄일 수 있습니다. 하지만 월세나 대출금으로 나가야 하는 고정비가 상당수 있고 육아 휴직으로 인해 월급은 없어지고 육아 휴직 급여(90만 원 내외)만 받게 된다면 어떻게 해야 할까요?

고정비, 너 진짜 고정이야?

첫 번째 팁은 고정비 항목을 재확인하는 것입니다. 내가 생각했던 고정비가 정말 옴짝달싹할 수 없을 정도로 움직일 수 없는 고정비인지 혹은 조금은 운신의 폭이 있는지 파악해야 합니다. 저는 두 번째 육아 휴직 시절에 친정에서 살고 있었습니다. 회사에 다닐 때는 100만 원 이상의 돈을 생활비와 관리비 명목으로 엄마에게 드렸고, 육아 휴직을 하면서 100만 원으로 조정하기로 했습니다. 하지만 몇 달을 지내다 보니 그것도 부담이 되어 다시 70만 원 수준으로 조정하게 되었습니다. 저 역시 엄마에게 드리는 돈은 절대로 줄이기 싫었고 이 항목은 저에게 있어 엄연한 고정비였습니다. 하지만 경제적으로 압박되는 상황에 놓이고 보니 저도 결국은 엄마에게 그런 제안을 하게 되었습니다. 친정 엄마도 상황을 이해하시고 흔쾌히 수락해 주셨습니다.

당연히 은행이나 집주인에게는 이런 협상을 하기는 힘듭니다. 육아 휴직을 한다고 월세나 대출금을 줄여 줄 은행과 집주인은 없을 것입니다. 그렇지만 저처럼 월세나 대출금 이외에 항목에서 고정비를 가지고 있는 항목은 없는지 한 번 생각해 보시기 바랍니다. 부모님께 드리는 용돈일 수도 있고 적은 금액이지만 정기적으로 후원금을 보내는 곳도 있을 수 있습니다. 죄송한 마음이 들지만, 1년이라는 육아 휴직 기간 동안만은 내가 지고 있던 짐을 살짝 줄여 보는 것도 하나의 방법입니다.

나의 키다리 아저씨는, 바로 나

이번에는 육아 휴직을 미리 준비하고 계신 분들께 드리는 팁입니다. 1년 이상의 준비가 필요해서 급하게 육아 휴직을 하시는 분들에게는 해당하지 않는 점을 미리 양해드립니다. 고정비를 절대 줄일 수 없는 항목이라면 나 스스로 고정비를 지탱해 줄 지원금을 미리 마련해 놓는 것입니다. 그것은 내가 1년 전부터 나의 키다리 아저씨 역할을 하는 것인데, 바로 예금을 이용한 풍차 돌리기 방식입니다. 적금을 이용한 풍차 돌리기는 워낙 재테크 책에 많이 소개되어 있어서 해 보신 분들도 있고 경험이 없어도 어떤 시스템인지 아시는 분들이 많이 계실 것입니다. 적금을 이용한 방법도 나름 유용하지만, 총 시간이 2년이 걸리고 매달 불입하는 금액이 일정하지 않다는 단점이 있습니다.

그래서 매달 일정한 금액을 예금하는 풍차 돌리기를 추천합니다. 당연히 2~3년 전부터 미리 준비할 수 있으면 좋겠지만, 대개 육아 휴직을 결심하는 시점은 6개월 전이나 길어야 1년 정도인 경우가 많은 것 같습니다. 그래서 최소 준비 기간을 1년으로 잡고 가능한 준비 시스템을 만들었습니다.

예금을 이용한 풍차 돌리기는 일정 금액을 매달 새로운 예금에 가입하는 것입니다. 1년 뒤부터는 다달이 만기가 되는 예금을 월급처럼 받는 것입니다. 그러니 예금이 13번째 되는 시점을 육아 휴직이 시작되는 기간과 비슷하게 맞춰 놓으면 좋습니다.

이 방법은 실제로 납입 기간이 1년 걸리고 불입 금액도 일정하여 안정적인 가계 운영을 할 수 있습니다. 불입 금액이야 부담 없이 20~30만 원으로 시작할 수도 있고 조금 욕심을 부려 50~60만 원 이상을 계획해 볼 수도 있습니다. 육아 휴직을 사용하기 전에 고정비가 걱정이 된다면 지금 당장 여유 자금을 활용해서 첫 번째 풍차 만들기부터 시작해 보시기 바랍니다.

미리 말씀드릴 수 있는 것은 육아 휴직을 했을 때 내가 정한 이 금액의 값어치는 1.5배에서 2배만큼 크고 소중하게 느껴진다는 점입니다. 즉 20만 원은 40만 원처럼, 50만 원은 최초 70~80만 원처럼 유용하고 값지게 쓰일 수 있습니다. 그러니 지금 내가 쉽게 쓰고 있는 커피값이나 담뱃값, 자잘하게 지출되는 외식비 항목을 줄여서 작은 풍차를 마련해 볼 것을 추천해 드립니다.

물론 적금이나 주식 등을 이용해 목돈을 마련해 두는 것도 좋습니다. 하지만 목돈이 있는 경우 초반에 쉽게 쓰거나 여행 경비 등으로 한 번에 나갈 수 있습니다. 따라서 매달 발생하는 고정비를 대비해서는 이렇게 매달 월급처럼 받을 수 있는 시스템을 구축해 놓은 것이 훨씬 도움이 되고 안정적으로 가계를 운영할 수 있습니다.

고정비 부담을 줄이는 방법

- 고정비 항목에 조정이 가능한지 살펴본다.
- 예금을 이용한 풍차 돌리기를 시작한다.

교육비 지출이 큰 가정에 대한 조언

이번 장에서는 육아 휴직을 시작하기 전에 자녀 교육비의 부담이 큰 가정에 대한 해결 방안을 소개해 드리고자 합니다. 사실 자녀의 교육비가 높은 경우에는 다른 부분에서 줄일 수 있는 방법을 찾기보다는 교육비 바로 그 자체를 줄이는 것이 가장 효과적인 해결 방안입니다. '이게 무슨 팁이야?'라고 이렇게 생각을 하실 수 있겠지만, 일부 교육비를 줄이거나, 학원·과외 등을 끊고 부모표 교육을 시작해 보시기를 추천해 드립니다. 모든 과목을 전부 바꾸라는 게 아니라 부모가 해 줄 수 있는 선에서 말입니다.

내 아이를 위한 부모표 교육의 장점

제가 직접 겪으면서 느꼈던 부모표 교육의 장점을 설명하겠습니다. 첫 번째는 내 아이의 특성에 맞춤화한 교육이 가능합니다. 아이마다 학습 이해 능력, 과목 선호도, 기질 등이 다양한데 이러한 아이의 특성에 맞게 가장 적합한 수업을 할 수 있다는 큰 이점이 있습니다. 그룹으로 진행되는 수업에서는 이러한 특성을 살려서 아이를 가르치기가 쉽지 않습니다. 저는 제 아이에게 책 읽기와 수학을 가르치면서 책 읽기 관련 수업은 학습 이해 속도가 다소 느리지만, 수학은 이해가 빠르다는 것을 알게 되었습니다. 자연스럽게 아이가 좀 더 좋아하는 과목이 수학이 되었습니다. 첫째 아이의 성향이 호불호가 명확하고 긴 설명보다는 짧고 명료한 것을 좋아하는 성격이라 설명을 할 때도 가급적 그러한 성향에 맞춰서 설명하였습니다. 부모라고 해서 바로 아이의 모든 것을 파악하고 최적의 교육을 제공할 수 있는 것은 아닙니다. 하지만 그동안 알아 왔던 내 아이에 대한 이해를 기반하여 조금 더 세심하게 아이를 지켜보면서 차츰 최적의 방안을 터득해 나갈 수 있었습니다.

두 번째는 내 아이의 속도에 맞는 교육이 가능하다는 것입니다. 내 아이에게 알맞은 방식으로 수업을 하다 보니 진도가 유연하게 조절됩니다. 수학 문제를 풀 때도 연산은 잘하는데 서술형 문제를 풀지 못한다거나, 나눗셈은 자꾸 틀리는데 도형은 너무 잘한다거나 이런 차이

점을 발견하게 됩니다. 이러한 아이의 모습을 가까이서 보고 원점으로 돌아가 개념부터 차근차근 설명해 줄 수 있습니다. 또한 두 번째 문제집을 구매하여 그 부분만 집중적으로 더 연습할 수 있었습니다.

세 번째는 내 아이가 무엇을 배우는지 관심을 가지게 되어서 일상생활에서도 확장이 가능하다는 점입니다. 저는 신학기 교과서를 받으면 과목별 교과서 목차를 한 번 훑어봅니다. 그리고 책마다 주요 내용을 메모해 두었다가 관련 책을 찾아서 아이와 책 읽기를 합니다. 예를 들면 3학년 과학 교과서에 식물의 한살이, 배추흰나비의 한살이, 사회책에는 우리 동네 고장 이야기 등의 주제가 있으면 도서관에서 아이 수준에 맞는 관련 서적을 골라서 함께 읽습니다. 교과서를 가지고 미리 예습하는 것은 아니지만 관련 책을 미리 읽으면 수업 시간에도 훨씬 흥미를 가질 수 있고 좀 더 다양한 견해를 가지고 수업에 임할 수 있습니다. 특히 부모가 그 학기에 우리 아이가 과목마다 어떤 주제를 가지고 배우고 있는지 알면 일상생활에서도 활용할 수 있는 부분이 생깁니다. 당시 사회 시간에 우리 고장에 대해서 배우고 있는 것을 알고 있었기 때문에 가끔 지나다니던 주변 관공서, 문화재 등에 대해서도 한 번씩 더 설명해 줄 수 있었습니다.

네 번째는 팬더믹과 같은 위기 상황 시에도 걱정이 조금 줄어듭니다. 육아 휴직 이후에도 저희 집에서는 영어, 수학, 독서를 부모표로 가르치고 있습니다. 영어는 남편이 아이를 가르치고 있고, 수학과 독서는 제가 맡고 있습니다. 물론 학교에서 친구와 함께 배우는 것만큼 다양한 과목을 재미있게 배울 수는 없습니다. 그래도 일부 과목이라도 조금씩 집에서 꾸준히 아이와 학습을 하다 보니 학교나 학원을 갈 수 없는 팬더믹 상황이 와도 조금은 안심이 되었습니다. 아이도 원래 집에서 부모와 하루에 1시간씩 함께 학습하는 것에 익숙해 부모가 내주는 숙제를 하고 모르는 것은 물어보는 모습이 이제는 자연스러워졌습니다.

어느 날 갑자기 학교와 학원이 문을 닫아서 내가 아이에게 무엇인가를 가르쳐야만 하는 상황이 닥쳤다면 저도 너무 힘들고 아이도 힘들어 했을 것입니다. 하지만 부모가 자녀를 가르치는 것이 저희 집에서는 어느 정도 자연스러운 일상이 되어 있었습니다. 그렇기에 팬더믹과 같은 힘든 상황에서도 다행스럽다는 생각했습니다.

부모표 교육을 시작하는 마음가짐

처음에는 '내가 전문 강사도 아니고 우리 애를 내가 어떻게 가르쳐?'라고 생각이 들 수 있습니다. 그렇지만 용기와 인내심을 가지고 시작해 보시기 바랍니다. 원어민이 아니더라도 초등학교 저학년 아이에게 영어를 가르치거나 책을 읽어 주는 것은 가능합니다. 좋은 발음을 위해서는 영어 CD를 이용해도 됩니다. 영어책이 너무 부담된다면 한글책을 읽고 독후감 쓰기로 시작해 보세요. 운동도 반드시 전문 강사가 가르치는 축구, 태권도, 수영이 아니더라도 부모표 자전거 타기, 줄넘기, 요리 등으로 대체가 가능합니다.

부모표 교육이라는 것이 비전문적으로 들리고 효과도 의심스러울 수 있습니다. 당연히 처음에는 전문 강사에 비해서 강의 스케줄이나 교재 등이 없고 무엇보다도 교수법(teaching method)도 몰라서 막막하게 느껴질 수 있습니다. 하지만 처음에는 아주 적은 분량만 우리 아이와 무엇을 할지 고민해 보고 실천하시기 바랍니다. 아이의 수준에 맞는 책을 읽고 독후감을 확인해 주거나, 함께 줄넘기를 30회 하고 들어오기, 30분 산책하기 이런 식으로 말입니다. 참고로 저는 산책을 단순히 한가한 시간에 하는 활동이라고 생각하지 않습니다. 산책은 아이와 함께할 수 있는 굉장히 좋은 과목이라고 생각됩니다. 많은 성인(聖人)들이 매일 산책을 하여 몸과 마음을 정리하는 시간을 갖습니다. 단순히 걷는 것만으로도 부모와의 관계 형성은 물론 아이의 몸과 마음을 가다듬는 데 도움이 되는 것입니다.

이렇게 쉬운 방법으로 하루를 부모표 공부를 시작하고 보면 '내일은 영어 DVD를 30분 같이 보기로 해 볼까?'라고 생각이 들 것입니다. 차츰차츰 부모표 교육의 범위를 넓혀 보고 다양한 방법을 시도해 보시기 바랍니다. 오늘 아이와 다투고 내가 버럭 화만 냈다면, '내가 너무 욕심이 많았는지.' 혹은 '너무 재미없게 유도했는지.'라고 생각해 보고 내일은 조금 다른 방법으로 접근해야 합니다.

안 하던 홈 스쿨링을 하려면 하루에 단 1시간이라도 아이는 물론 부모도 난처하고 힘들 수 있습니다. 처음에는 '아이의 수준을 높일 거야.' 혹은 '학원에서 하는 진도만큼 내가 다 가르칠 거야.'라고 하는 원대한 목표는 살짝 접어 두시는 것이 좋습니다. 이보다는 하루에 1시간 내가 가르치며 학원비를 10만 원 정도를 줄여 보자는 현실적인 목표를 가지고 시작하시기 바랍니다. 그리고 학원비로 쓰지 않은 10만 원은 흐지부지 없어지게 하는 것이 아니라 별도의 항목으로 빼서 여행 경비에 보태거나 일정 분량을 아이의 이름으로 적금할 수 있습니다. 물론 당장 생활비로 써야 하는 분은 통장에 기록이 남도록 '10만 원 홈 스쿨링비'로 입금했다가 생활비로 사용하시기 바랍니다. 내가 홈 스쿨링을 통해 힘은 들었지만, 이 돈이 없어지는 게 아니라 소중히 사용되었음을 확인하면 좀 더 힘이 솟을 것입니다.

100만 원에서 30만 원으로 교육비 절감

육아 휴직을 해서 소득이 줄었는데 기존 교육비를 그대로 가져갈 수는 없습니다. 만약 아이의 교육비에 해당하는 1년 치 금액을 미리 마련했다면 모르겠지만, 그렇지 않다면 육아 휴직 후 경제적인 압박에서 자유로울 수 없습니다. 제 경우도 첫 번째 육아 휴직 시기에는 자녀가 1명이고 유아기 때라 크게 경제적 부담감을 느끼지 못했습니다. 저축할 돈이 거의 없을 뿐이지 생활에는 큰 지장이 없었습니다. 하지만 두 번째 육아 휴직 시기에 첫째 아이에게 들어가는 교육비가 한 달에 100만 원가량이어서 심적 부담이 크게 다가왔습니다. 영어 수업이 30만 원, 펜싱이 25만 원, 수영이 15만 원, 바이올린이 16만 원, 방과 후 교실이 10만 원으로 총 96만 원이었습니다.

처음에는 모든 사교육이 다 중요하고 당장이라도 그만두면 큰일이 날 것 같았습니다. 영어는 제 스스로도 워낙 중요하다고 생각하고 있는 과목이고 중간에 쉬면 진도가 끊길 것 같았습니다. 펜싱도 이제 한창 대회에 나가서 좋은 성적을 거두고 있었기에 열심히 시켜야 할 것 같았습니다. 수영은 생존을 위한 운동이라 꼭 시켜야 하고, 바이올린은 악기 하나쯤은 연주할 수 있어야 한다고 생각하여 초등학교 시절에 가르쳐야 했습니다. 방과 후 교실은 아이가 좋아하는 과목(드론, 생명 과학, 요리)으로 구성되어 있고 비교적 가성비가 좋으니 버릴 수가 없었습니다. 이렇게 따지고 보면 어느 것 하나 뺄 수 있는 과목이 없었습니다.

육아 휴직 후 처음 1~2달은 기존 여유 자금으로 그럭저럭 버텼습니다. 그런데 3달째부터는 마이너스가 나기 시작했습니다. 그래서 가장 먼저 첫째 아이가 배우면서 즐거워하지 않았던 바이올린부터 그만두었습니다. 다음은 영어, 펜싱 순으로 그만두었습니다. 그리고 6개월 이후부터는 수영과 방과 후 교실만 하여 25만 원 이내로 교육비를 조절하게 되었습니다. 그리고 고민 끝에 학원을 줄인 만큼 홈 스쿨링 시간을 늘리기로 마음먹었습니다. 영어 DVD를 하루에 1시간씩 보고, 저랑 영어책을 30분 정도 읽었습니다.

영어 학원비 30만 원에 대해서 아이에게 '매일 1시간씩 영어 DVD를 보고, 엄마와 영어책 30분 읽기만 하면 네 통장에 월 10만 원 적금해 주겠다.'라고 했더니 아이도 좋아하고 찬성했습니다. 그리고 남은 20만 원 중 10만 원은 제가 생활비로 사용하고, 나머지 10만 원은 엄마표 교육을 하는데 필요한 책이나 DVD를 구매하는 비용으로 사용했습니다. 이후 제 홈 스쿨링 과목에는 보드게임도 있었기 때문에 보드게임을 사는 비용으로도 썼습니다. 30만 원이 워낙 큰돈이었던지라 이 돈을 쓰지 않으니 휴직 기간에 적금도 하고, 책이나 교구도 오히려 많이 사줄 수 있었습니다.

수학도 매일 일정 분량을 정해 놓고 아이와 함께 공부했습니다. 처음에는 '서술형이다, 사고력 수학이다.'라고 하여 알고 있던 수학과 너무 달라서 어려울 것 같았습니다. 하지만 막상 같이 책을 펴 놓고 살펴보니 초등학교 저학년까지는 부모가 충분히 가르칠 수 있는 수준이라고 생각했습니다. 초등학교 3학년 때 배우는 진분수, 가분수 등 용어가 낯설고 가물가물합니다. 초등학교 5학년에 나오는 최소 공배수, 최대 공약수는 대체 초등학교 이후에는 들어본 적도 없는 단어입니다. 오랜만에 접하는 용어가 낯설고 어색하다고 지레 겁먹을 필요는 없습니다. '엄마도 오래돼서 잘 기억이 안 나는데 같이 공부해 보자.'라고 이야기하면서 아이와 함께 개념 설명을 읽으면서 차근차근 기억력을 되살리면 됩니다.

돈 말고도 얻게 되는 것

부모표 교육의 가장 큰 장점은 내 아이의 장단점을 세세하게 파악할 수 있기 때문에 아이에게 가장 맞춤화된 교육을 제공할 수 있다는 점입니다. 처음에 아이에게 수학을 가르치다 보니 수학을 못 하는 것이 아니라 독해를 못 해서 수학을 어려워 한다는 것을 알게 되었습니다. 연산은 어느 정도 곧잘 하는데 서술형 문제에서 문제의 뜻을 잘 파악하지 못하는 것을 발견했습니다. 그래서 그때부터는 수학 문제집 분량을 줄이고 책 읽기를 시작하였습니다. 휴직 1년 동안 첫째 아이에게는 책 읽기에 전념했다고 해도 과언이 아닙니다.

또한 매주 1회는 반드시 도서관에 함께 가서 2시간씩 책 읽기를 했습니다. 도서관에 가지 않는 날은 집에서 대여해 온 책을 읽고 함께 이야기 나누며 시간을 보냈습니다. 6개월이 지나면서는 책을 읽는 분량도 어느 정도 늘어났습니다. 그리고 정말 신기하게도 점차 수학 서술형 문제도 이해하는 능력이 좋아졌습니다. 과연 학원에만 보냈거나 과외를 시켰다면 내 아이의 장단점을 파악해서 수학은 잠시 내려놓고 독서에 치중하라는 조언을 어떤 선생님이 해 줄 수 있었을까요? 아무도 그런 해답을 주지 못했을 것입니다.

부모는 학원 강사에 비하면 전문적으로 가르치는 스킬과 깊이 있는 지식은 떨어질 수 있습니다. 대신 내 아이만을 바라보면서 내 아이에게 최적화된 방법을 고민하고 그에 맞춰서 적용해 줄 수 있는 능력이 있습니다. 그렇기 때문에 다소 전문성이 떨어지더라도 오히려 강사보다도 더 효과적인 결과까지 기대할 수 있습니다.

부모표 교육을 마치고 돌이켜 보니, 영어 학원을 안 가거나 펜싱과 바이올린을 안 해서 아쉽다는 생각은 들지 않았습니다. 그리고 가장 기억에 남는 것은 함께 도서관에서 지낸 추억입니다. 아이랑 많은 책을 함께 읽으며 이야기 나누고 또 어떤 책은 함께 읽으며 같이 눈물도 흘렸습니다. 이순신 전기는 감동적이어서 같이 읽으며 울기도 하고 〈명량〉 영화도 같이 봤습니다. 읽기 실력이 부족했던 첫째 아이는 1년 동안 저와 함께 많은 책을 읽으며 제법 글이 많은 책도 읽을 수 있는 실력이었습니다. 특히 본인이 좋아하는 책을 볼 때는 2시간이고 진득하게 앉아 있는 엉덩이 무게도 키웠습니다.

처음에는 돈을 아껴 보자는 단순한 마음으로 시작한 것인데, 좋은 추억이 생기고 자녀에게 부족했던 다른 부분이 서서히 채워지며 발전하는 모습을 보니 경제적인 기쁨 외에도 그 이상의 가치와 보람이 느껴졌습니다. 영어 학원을 그만둘 때도 주위에서 '그래도 영어는 해야 한다.'라고 말렸는데, 지금 돌이켜 보니 저와 아이에게 값진 추억이 생겼습니다.

학원을 덜 보내고 함께한 시간은 고작해야 1년입니다. 100세 인생으로 보면 딱 점처럼 보이는 짧은 시간일 수도 있습니다. 이 짧은 시간 동안 여러분에게 주어진 육아 휴직이라는 딱 정해진 기간만이라도 부모표 교육에 도전해 보시기 바랍니다. 경제적인 부담감도 살짝 덜고,

아이와의 함께 하는 추억도 쌓으며, 무엇보다 우리 아이에게 가장 맞춤화된 교육을 해 볼 수 있습니다.

부모표 교육의 장점

- 아이의 특성과 속도에 맞춤화된 교육이 가능하다.
- 아이가 무엇에 관심이 더 있는지 알 수 있어서 일상에서 확장이 가능하다.

육아 휴직 급여로 생활할 수 있을까요?

후배 직원 A로부터 육아 휴직과 관련된 상담 요청을 받았습니다. 올해 초등학교 2학년이 되는 아들을 가진 A는 육아 휴직 시 재정적인 어려움을 어떻게 극복해야 하는지 털어놓았습니다. 육아 휴직 급여는 시작일부터 3개월까지는 통상 임금의 80%(상한액_ 월 150만 원, 하한액_ 월 70만 원)를 육아 휴직 급여액으로 지급하고, 육아 휴직 4개월부터 종료일까지 통상 임금의 50%(상한액_ 월 120만 원, 하한액_ 월 70만 원)를 받습니다.

A 매니저님, 저희 아이 교육비가 한 달에 100만 원에 정도 들어가고 있어요. 과연 육아 휴직 급여로 생활이 가능할지 고민이에요. 육아 휴직을 하면 정확히 얼마를 받나요?

희정 초반 3개월은 110만 원 정도 받고, 나머지 9개월은 90만 원 정도 받는다고 보시면 됩니다.

A 90만 원이요? 그럼 학원비도 안 되겠네요.

희정 월급에 비하면 적은 금액이지만, 맞벌이로 생활하면서 한쪽이 90만 원을 받으면 그래도 지낼 수 있어요.

A 교육비 비용도 안 되는데, 어떻게 생활을 해야 할지 벌써 막막하네요. 앞으로 교육비만 100만 원이 넘을 텐데요.

희정 당장 육아 휴직을 사용하는 게 아니라면 조금이라도 여윳돈을 모아서 비상금 통장을 마련해 놓길 권해드려요. 전 500만 원 정도는 있으면 좋을 것 같더라고요.

A 500만 원이요? 당장 모을 생각 하면 부담되기는 하는데 그래도 명확한 숫자가 주어지니 도움이 되네요.

희정 준비 기간이 짧거나 당장 큰돈을 모으는 게 어렵다면 만기 되는 적금을 활용해서 일부를 육아 휴직 기간 동안 비상금 통장으로 활용하는 것도 추천해 드려요. 하지만 비상금 통장이 있더라도 교육비로 매달 100만 원 이상씩 나간다면 버티기 힘들 수 있어요.

A 그러네요. 학원비가 제일 걱정입니다.

희정 실제로 저는 육아 휴직 기간 동안 가장 비싼 영어 학원을 끊었어요. 그리고 저랑 공부하는 시간을 늘렸습니다.

A 저는 영어 학원을 하나 추가하려는 고민을 하고 있었어요. 다른 친구들이 다 치고 올라오니 영어 학원 하나를 더 보내야겠다고 생각했거든요.

희정 육아 휴직의 의미를 어디에다 두느냐가 관건인데요. 아이와 의미 있는 시간을 보내는 게 중요하다면 학원 대신 엄마와 공부하는 시간을 마련하는 것도 좋아요. 영어 공부라면 같이 DVD도 보고 영어책도 읽고 하는 방식으로요.

A 현실적인 조언이네요.

희정 그렇지만 모든 과목을 엄마표 수업을 하면 엄마나 아이가 스트레스를 받을 수 있으니 한두 가지 과목만 정하기를 권해 드립니다. 그럼 학원비도 줄이고 아이와 있는 시간을 정기적으로 만들 수 있어요.

A 저도 고민해 봐야겠어요. 이렇게 이야기를 주고받으니 은근히 컨설팅받는 느낌이네요.

희정 저도 회사에 다니면서 사교육비가 100만 원에 육박했어요. 그런데 아이와 좋은 시간을 보내자고 육아 휴직을 하고 사교육을 많이 시키다 보면 정작 아이와 함께 있는 시간은 별로 없고 학원비를 낼 부담감에 아르바이트 거리 없나 생각하게 되더라고요. 참 아이러니하지요?

A 저는 지금 아이에게 태권도, 미술, 피아노, 눈높이만 시키고 있는데, 주위를 보니 초등학교 2학년이면 수영, 수학, 논술 등 그 외에도 배워야 할 게 너무 많아서 이것을 다 어찌 감당하나 했어요.

희정 사교육 가짓수가 5개를 넘는다면, 5개 이하로 개수를 줄여 보세요. 그리고 엄마가 도저히 못 가르치는 것 한두 개만 사교육에 의존하고 나머지는 엄마표 교육으로 시도해 보세요.

A 엄마표 교육이요? 매니저님 SNS 일상에서 아이와 함께 책 읽고 요리하는 것 봤어요. 그런데 그렇게 몇 개만 가르쳐도 될까요?

희정 지금 안 하면 안 될 것 같지만, 나중에 배워도 되는 게 많아요. 오히려 학년이 높아질수록 가성비가 커집니다. 수영과 피아노도 3~4학년에 배우면 저학년에 배우는 속도에 비해 두 배 정도로 따라와요.

A 아, 그렇다면 조금 더 늦게 시작해도 되는군요.

희정 대신 하루에 한 번 아이와 동네 산책하고 같이 집에서 요리하고 함께 도서관 다니는 일정으로 바꿔 보시기를 추천해 드려요. 저학년에는 그런 게 더 의미 있고 아이가 더 크면 나중에는 하지도 못해요. 저는 회사 다닐 때 하기 힘들었던 평일 이른 저녁의 산책이 그렇게 여유롭고 좋더라고요.

A 매니저님 이야기에 저를 돌아보게 되네요.

희정 주변에 휘둘리지 말고 육아 휴직 때는 엄마와 아이가 함께 보낼 수 있는 게 무엇인가를 찾는 게 중요해요. 돈은 적게 들이고 재미있고 의미 있게 보낼 수 있는 것으로요.

A 맞아요. 매니저님 피드에 많이 도서관이 등장하더라고요. 학원비 걱정에 혼란스러웠는데, 매니저님 말에 평정심을 찾아가고 있는 것 같아요.

희정 저도 초반부터 그렇게 지내지 못해 후회되더라고요. 몇 달이 되어서야 조금씩 깨닫게 되었어요.

A 제가 다음 주에 출장을 다녀와서 또 컨설팅 예약하겠습니다. 우선 아이와 오늘 학원의 가치와 의미에 대해서 진솔하게 얘기해 보려고요.

돌이켜보면 제 첫 번째 육아 휴직은 아이도 1명이었고 3살이었던 터라 경제적인 부담이 적었습니다. 그렇지만 두 번째 육아 휴직은 첫째 아이가 초등학교 3학년이고 아이는 2명이다 보니 기존에 들어가던 고정비가 상당히 있었습니다. 그래서 육아 휴직 초반에 부담되는 사교육비를 짊어지고 매달 경제적인 스트레스 때문에 상당히 힘든 시간을 보냈습니다. 하나를 비워야 다른 것들이 채워진다는 것을 뒤늦게 깨달은 것이지요. 육아 휴직을 앞두고 가정의 재무적인 다이어트가 필요한 분이 있다면, 하나씩 내려놓는 연습을 해 보시기 바랍니다.

출산 후 맞이하는 육아 휴직은 회사 일로 메마른 나의 마음에 내리는 단비와도 같이 촉촉하고 따뜻합니다. 그동안 짊어지고 있던 업무는 한동안 저 멀리 깊은 곳에 밀어 넣고 이제 아이와 달콤한 소풍을 떠나 보시기 바랍니다.

Part 2

육아 휴직,
맞이하다

육아 휴직은 미래를 위한 투자

육아 휴직자의 대부분의 연령이 30~40대에 밀집되어 있습니다. 2020년 통계청에서 발표한 우리나라 평균 수명은 83.3년입니다. 즉 육아 휴직자 중에 많은 분이 인생의 중턱에 있음을 알 수 있습니다. 이 시기를 축구 경기와 비교하면, 전반전을 마친 직후라고 할 수 있습니다. 인생의 주인공인 나는 경기장을 뛰는 선수이자 전술을 알려주는 코치 역할을 모두 해야 합니다. 전반전에 잘한 점과 부족했던 점을 떠올리며 인생의 후반전에 대한 계획을 세워야 합니다. 어떤 이들은 준비도 없이 후반전에 돌입하지만, 다행히 육아 휴직자는 1년이라는 시간이 있어서 전반전 인생을 돌아보며 후반전 계획을 세울 수 있습니다. 그렇기에 지난 시간을 반추해 보고, 내가 진짜 좋아하는 일과 하고 싶었던 일을 다시금 떠올려 볼 수도 있습니다. 내가 무엇을 잘하고 좋아하는지를 깊이 생각해 보는 것만으로도 인생의 후반전을 준비하는 데 도움이 됩니다. 그렇지만 어영부영하다가는 시간이 금방 지나가 버리기에 신중하게 준비해야 합니다.

지금 안 하면 5년 뒤 바로 이 시간을 후회할지도

육아 휴직을 하는 동안 오로지 육아만 하기를 계획하는 분은 많지 않습니다. 그동안 못한 취미, 운동, 여가 활동도 짬을 내어 도전하게 됩니다. 그중에서 빼놓을 수 없는 것이 바로 자기 계발입니다. 물론 육아가 우선시되기 때문에 많은 시간을 할애하긴 어려울 수 있습니다. 하지만 회사에 다니던 것의 비교하면 추가 시간이 생겼다고 할 수도 있습니다. 통근 시간만 따지더라도 하루에 1~3시간이 보너스로 주어진 셈입니다. 하루 중에서 일정 시간을 미래의 나를 위해 투자해 보는 것은 어떨까요? 매일 1~3시간을 1년간 한 가지 일을 배우는데 투자한다면 적게는 365시간에서 많게는 1,095시간을 투자하는 것입니다. 완전한 전문가는 아니더라도 기초 지식과 경험을 마련해 보는 데에는 도움이 되는 시간입니다.

이직과 창업을 꿈꾸는 분은 관련된 공부를 해 볼 수 있습니다. 저는 이 시간만큼은 자유롭게 다른 생각을 마음껏 해 보시기 바랍니다. 당장 휴직 후 퇴사를 하라는 것은 아닙니다. 그렇지만 제2의 직장이나 더 멀리는 은퇴 후 삶에 대해서 생각해 보고 준비해 볼 수 있는 시기가 될 수 있습니다.

육아 휴직에 제2의 직업 준비하기

S 사에 다니며 2020년 육아 휴직을 사용한 A 씨(남, 41세)는 휴직 기간 중에 공인 중개사 시험을 준비하였습니다.

당장은 회사를 그만둘 생각이 없지만, 배우면 여러모로 쓸모도 많고 나중에 제2의 직업을 구할 때 도움이 될 거라 생각되어서 이번 휴직 기간 동안 준비를 하고 있습니다. 공인 중개사 1차 시험은 합격했고 2차 시험을 준비하고 있습니다. 물론 아이들을 어린이집에 보내고 오전 시간을 이용해 여유롭게 공부하게 될 줄 알았던 시간이 코로나로 인해 훨씬 힘들어졌습니다. 아이들이 집에 있는 시간이 늘어나면서 공부하는 시간이 줄어들었습니다. 생각보다 훨씬 힘든 시기를 보내고 있지만 모처럼 굳게 마음먹고 시작한 일이라 힘들더라도 끝까지 2차 시험까지 열심히 도전해 볼 생각입니다.

주변에서 저처럼 1년간 육아 휴직을 하는 후배가 있다면 꼭 자격증이나 특정 공부를 해 보라고 권하고 싶습니다. 아이를 위해서만 아니라 나를 위해서도 투자했다는 점에서 육아 휴직이 더 보람되게 느껴집니다.

아직 어떤 것을 시도해야 할지 뚜렷하게 생각나는 게 없다면 그것을 찾는 시간으로 육아 휴직 기간을 보내도 좋습니다. 스스로에게 '네가 원하는 것이 무엇인지?'라고 물어보시기 바랍니다. 생각보다 바로 답이 안 나올 수도 있습니다. '인생 중반을 살았고 벌써 직업도 가지고 있는데 무슨 꿈이야!'라고 생각할 수도 있습니다. 또는 꿈을 다 이뤘다는 분도 있을 수 있습니다. 그렇다면 아직도 하고 싶은 게 있는지 자신에게 물어보시기 바랍니다. 거창한 꿈이 바로 튀어나오지 않아도 됩니다. 저처럼 글을 조금씩 써 보고 싶다는 생각이 들 수도 있고, 수영 배우거나 자전거를 타고 싶다는 생각이 들 수도 있습니다. 만약 며칠을 시도해 보고 이 길이 맞지 않아도 다른 것으로 바꿔도 괜찮습니다. 이 시기만큼 아이의 소리 말고도 나 자신에게도 귀 기울여 보시기 바랍니다.

나만의 강점 찾기

10년간 일한 B 씨(여, 39세)는 〈드러커의 피드백 수첩〉을 활용하여 육아 휴직을 보내고 있습니다. 전날 일상 업무, 자기 계발, 가족 관계,

기타란에 주요할 일을 적고, 다음 날 실천한 후에 10분간 피드백하는 시간을 가지며 나의 강점을 찾아가는 방식입니다.

> 처음에는 육아 휴직 기간 동안 경력과 인간관계 등이 단절되는 것이 걱정돼서 무엇이라도 해야겠다는 마음에 <드러커의 피드백 수첩을 사용하기 시작했습니다. 늘 달려왔는데 갑자기 저만 멈춰버린 느낌이 들었습니다. 그런데 매일 반복하며 적다 보니 추상적이기만 하고 막연하게만 느껴졌던 제 강점이 조금씩 보이는 것 같았습니다. 당장 어떤 일을 찾지 못했다 하더라도 본인의 강점을 발견해 내는 것만으로도 성과가 있는 일인 것 같습니다. 전날 목표를 정해 놓고 다음 날 10분 정도 피드백하는 시간을 갖는 간단한 방식이지만, 아무런 계획 없이 보내는 하루와는 큰 차이를 느낄 수 있습니다.

참고로 육아 휴직을 하신 분들에게 휴직 첫날부터 대단한 각오와 많은 계획으로 시작하라고 말씀드리고 싶지는 않습니다. 1~2주일 정도는 정말 늘어지게 게으름도 피워 보고 아무 계획 없이 지내 보는 것도 좋습니다. 그동안 회사일, 가사일, 육아로 힘들고 바쁘게 살아온 워킹 맘과 워킹 대디에게 생각 없이 지내는 시간도 필요합니다. 저도 그렇게 보낸 2주간의 시간이 허송세월했다고 느껴지지는 않습니다. 아이들이 일어날 때까지 옆에서 뒹굴뒹굴하기도 하고, 아침도 10시에나 먹을 정도로 늦장을 부려 보았습니다. 회사를 그만두지 않는 이상

맛볼 수 없는 달콤한 시간이기 때문입니다.

하지만 1달이 넘게 그 달콤한 시간을 보내진 않기를 바랍니다. 습관이 되면 어느덧 휴직의 대부분을 어영부영 보낼 수 있습니다. 본인이 정한 게으름 피우기 시간이 2주면 2주, 1달이면 1달만 딱 그렇게 지내는 것입니다. 그리고 다시 규칙적인 생활을 하는 패턴을 만들고 계획했던 일을 매일 조금씩 시도하는 시간을 갖는 게 중요합니다.

인생의 중반에 다시 꿈꾸는 행복

저는 두 번째 육아 휴직 때 첫 6개월은 독서 논술 지도자 자격증에 도전했습니다. 일주일에 두 번씩 지역에 있는 여성 회관에 가서 수업을 들었습니다. 이 자격증은 당장 취업이나 이직을 고려해서 한 것은 아닙니다. 내 아이에게 보다 효과적인 독서 지도를 위해 배운 것입니다. 어려운 것도 아니고 누구나 마음만 먹으면 쉽게 얻을 수 있지만, 일단 이렇게 자격증이 하나가 생기니 조금은 든든한 느낌이 듭니다. 복직을 한 지금도 아이의 독서 지도를 제가 직접 하고 있습니다. 주먹구구식이 아닌 제대로 배운 방법대로 가르치고 있다고 생각하니 훨씬 수월하고 자신감도 생깁니다.

첫 자격증을 따고 나니 두 번째 자격증도 욕심이 났습니다. 바로 한식 요리사 자격증입니다. 회사에 다니며 음식를 할 때는 매번 인터넷에서 쉽고 빠르게 하는 레시피만 배워서 준비를 했습니다. 그런데 한 번쯤은 제대로 요리하는 방법을 배우고 싶다는 생각이 들었습니다. 그래서 남은 6개월은 요리를 배우는데 투자했습니다. 일주일에 두 번 어린이집에 아이를 맡기고 다녀올 수 있는 시간이라 큰 부담은 없었습니다. 제가 아침에 조금 부지런히 준비하면 가능했습니다. 다양한 음식과 요리법을 배우며 유익한 시간을 보냈지만, 결과적으로 자격증을 따지는 못했습니다. 당시 발목 인대가 파열되는 부상을 입으며 수업을 1달간 빠지게 되었기 때문입니다. 자격증을 따지는 못했지만 실제로 사용할 수 있는 다양한 조리법을 배워서 지금도 활용하고 있습니다. 그리고 다시금 인터넷으로 수업을 들으며 시험에 재도전해 볼 계획입니다.

무엇인가 새로운 것을 꿈꾸고 도전해 보는 것은 성공 여부와 상관없이 그 자체만으로도 삶에 활력을 불러일으킵니다. 작은 도전이 때로는 설렘을 주기도 하고 숨어 있던 열정에 불을 지피기도 합니다. 당연히 성공하면 훨씬 큰 성취감과 만족을 가져다줍니다.

'행여나 성공하지 못하면 어쩌지?' 혹은 '괜히 시간만 버리는 것 아니야?'라는 걱정을 할 필요는 없습니다. 성공하지 못한다면 또 다른 길을 찾으면 됩니다. 하지만 이 시기만큼 자유롭게 내가 원하는 것을 시도해 볼 시기가 많지 않다는 점을 잊지 마시기 바랍니다. 또한 새롭게 계획하고 시도해 보는 도전은 그것에서 그치는 것이 아니라 그다음 도전으로도 이끄는 마중물 역할을 합니다. 1년간 목표를 세우고 도전한 경험치는 복직을 한 이후에도 지속되기도 합니다. 저는 복직할 즈음 책을 쓰고 싶다는 새로운 목표를 세우게 되었고 복직 후 새벽마다 조금씩 글을 적어 보는 습관을 키우기 시작했습니다. 이 책을 지금 읽고 있는 여러분은 제가 육아 휴직을 하면서 꾼 꿈의 결과물 중 하나를 두 눈으로 확인하고 계신 것입니다.

큰 꿈이든 작은 꿈이든 다 좋습니다. 제2의 인생을 준비하는 시간이어도 좋고, 저처럼 자녀를 위해 어떤 것을 배우거나 평소 내가 부족했던 분야를 보완해 주는 것도 좋습니다. 비전의 크기와 상관없이 가슴 설레는 시간을 가져 보시기 바랍니다. 그리고 목표를 세운 후 흐지부지되지 않도록 꾸준히 노력하시기 바랍니다. 육아 휴직 기간 동안 새로운 꿈을 향해 도전해 보는 시간을 갖기를 바랍니다. 새로운 꿈을 꾸고 목표를 향해 노력하는 것 그 자체만으로도 의미 있는 일입니다.

자기 계발이 필요한 이유

- 꿈을 꾸며 새로운 계획을 세우는 것 자체가 행복이다.
- 육아만 전념하기보다 부모도 발전하는 것이 육아 휴직의 만족감을 높인다.
- 육아 휴직 시기는 축구에서 전반적인 막 끝난 작전 타임과 같다.
- 인생의 전반전에서 잘한 점과 부족한 점을 생각하고 후반전 계획을 세우자.

작은 습관으로 시작하는 지혜로운 육아

이미 육아에 대해서 많은 전문가와 서적이 있어서 제가 깊이 있는 이야기를 전달하기는 어렵습니다. 그리고 집안의 사정과 환경에 따라 육아 방식은 각양각색이기 때문에 제 방식을 권장할 수는 더더욱 없습니다. 하지만 육아 휴직을 하면 아무래도 아이와 함께 있을 수 있는 시간이 늘어납니다. 그리고 물리적이나 심리적으로 회사에 다닐 때보다는 여유가 생깁니다. 이 덕분에 제가 아이에게 시도한 몇 가지 사례를 소개해 드리려 합니다. 회사를 다니면서도 이미 잘하고 계신 부모님이 많을 줄 알지만, 저처럼 그동안 놓치고 있던 분이 있다면 이번 육아 휴직 기간을 통해 시도해 보면 어떨까요?

아이가 좋아하는 것 살펴보기

육아 휴직 기간을 활용해 다양한 경험을 하면서 아이의 성향에 대해 이해해 보는 시간을 가지면 좋습니다. 육아 휴직 전에 제가 확실히 둘째 아이가 가장 좋아하는 것으로 생각했던 것은 요리였습니다. 그래서 육아 휴직 동안 마트 요리 수업을 등록하고 1년간 아이와 함께 배우러 다녔습니다. 이런 문화 센터 수업은 몇 달 전에 신청을 받기 때문에 육아 휴직 이전에 미리 신청해야 육아 휴직 시작과 동시에 바로 수업에 참여할 수 있습니다.

그 외에는 특별히 아이가 좋아하는 게 무엇인지 몰라서 육아 휴직 동안에 이것저것 아이에게 경험해 보게 하고 반응을 살펴보는 시간을 가졌습니다. 그림 그리기도 다양한 방법으로 해 보았습니다. 물감, 색연필, 크레파스 등으로 소재도 바꿔 보고 색칠하기 책도 제공해 보았습니다. 아직은 아이가 그림 그리는 것은 큰 흥미가 없고 특히 색칠하기는 부담스러워하는 것을 알게 되었습니다. 반면 클레이 놀이는 좋아했습니다. 클레이로 같이 놀아 주면 30분에서 1시간 이상 몰입하여 신나게 놀았습니다.

그리고 다양한 책을 읽어 주면서도 아이가 좋아하는 분야를 찾아나갔습니다. 첫째 아이가 공룡 마니아였던 것과는 달리 둘째 아이는 동물, 자연 관찰, 과학 분야에 흥미를 보였습니다. 이런 책을 골라서 읽어 주면 내용도 곧잘 기억하였습니다. 상대적으로 이솝우화나 옛날

이야기 등에는 별로 흥미를 보이지 않았습니다. 아이가 곤충에 점차 흥미를 보여 주말에는 가족 전체가 곤충을 볼 수 있는 작은 농장이나 과학관 등에 자주 찾아갔습니다. 경기도 안성에 위치한 허브와 풍뎅이란 곳에 가장 많이 갔고, 과천 과학관도 종종 갔습니다.

회사에 다니면서도 아이의 성향은 파악할 수 있고 흥미거리를 제공해 줄 수 있지만, 육아 휴직 기간에는 더 적극적으로 알 수 있는 절호의 시기입니다. 반드시 큰돈을 들여 대단한 경험을 제공할 필요는 없습니다. 일상생활이나 다양한 책 속에서 그동안 접하지 못했던 새로운 것을 접하도록 기회를 주고 아이가 어떤 반응을 보이는지 지켜보는 것입니다. 아이가 흥미 있어 하면 함께 좀 더 이야기를 나누고 그 다음 연계된 것으로 이끌어 주는 것입니다. 이런 과정으로 부모와 아이와의 거리를 좁혀 그사이에 단단한 유대가 생기는 것을 느낄 수 있습니다.

특히 자녀가 초등학교에 입학하는 경우에는 그동안 부실했던 학습에 집중하고자 아이에게 많은 공부를 강요하는 경우가 많습니다. 학원도 보내고 숙제도 더 많이 시키고 영어책도 읽어 주고 하면서 말입니다. 당연히 아이의 학습도 중요하고 저도 늘 신경 쓰고 있는 부분이지만, 육아 휴직 기간에는 학습보다는 아이와 부모와의 좋은 추억을 만드는 것에 무게를 두었으면 합니다. 부모가 원하는 것을 요구하기에 앞서 아이가 좋아하는 것을 먼저 찾아 주고 들어 주시기 바랍니다. 서로가 좀 더 기쁘게 합의점을 찾을 수 있을 것입니다.

아이를 안고 책 읽어 주기

몇 살까지 아이를 안고 책을 읽어 줄 수 있을까요? 아마 길어야 7~8살일 것입니다. 6살만 되어도 아이가 무겁고 아이도 독립적으로 있는 것을 더 좋아해서 안고 책을 읽어 주려고 하면 자꾸 옆으로 내려가 앉게 됩니다. 다양하고 많은 책을 읽어 주는 것도 중요하고, 독립적으로 책을 읽게 되는 훈련도 필요합니다. 하지만 어린 시절에는 부모가 어떻게 책을 읽어 주는지가 부모와 아이의 관계 형성에 지대한 영향을 미칩니다. 그래서 아이가 제법 무거워진 유치원생이 되어도 되도록 부모가 안고 책을 읽어 주라고 권합니다.

30분을 읽더라도 아이를 안고 책을 읽어 주면 서로의 유대가 끈끈해지는 것을 알 수 있습니다. 그렇기에 훨씬 질 높은 책 읽기가 가능합니다. 아이는 부모의 목소리를 가장 가까운 곳에서 들을 수 있고 부모도 아이의 체온을 느끼며 한 번이라도 더 스킨십을 하며 책을 읽어 줄 수 있습니다. 특히 아이와 같은 시선으로 책을 바라보며 이야기를 나누는 것은 단지 물리적으로 시선이 같다는 것 외에도 심리적으로도 같은 곳을 바라보고 있음이 느껴집니다. 책을 읽는 동안 아이의 질문에 좀 더 귀 기울이게 되고 아이의 생각을 들으려고 노력하게 됩니다.

회사를 다니는 동안에는 몸이 피곤해서 여유도 없어서 책을 읽어 주는 둥 마는 둥 했다면 육아 휴직 기간 동안에는 딱 1년 만이라도 아이를 안고 책을 읽어 주시기 바랍니다. '아이를 안고 아이에게 책을 읽어 주는 일이 그렇게 대단하다고?'라고 생각하는 분이 계실 수도 있습니다.

하지만 제가 느껴본 바로는 아이를 안고 읽는 것은 질 높은 책 읽기의 기본자세라고 할 수 있습니다. 처음에는 힘들어도 몇 번의 시도를 통해 익숙해지면 아이가 자연스럽게 무릎에 와서 안는 것을 느낄 수 있습니다.

아이에 대한 욕심을 내려놓는 기도

전 크리스천이지만 회사에 다닐 때는 아이를 위한 기도를 규칙적으로 하지 못했습니다. 아침에는 후다닥 준비하고 나가기 바빴고, 저녁에는 아이 재우다 같이 쓰러져 자기 일쑤였습니다. 하지만 육아 휴직을 한 기간에는 아침 시간에 여유가 있어서 자고 있는 아이들을 바라보며 짧게 기도를 해 주었습니다.

종교를 가진 분이든 아니든 아이를 위한 기도를 하는 것을 추천해 드리는데, 그 이유는 기도를 하는 동안에 세상의 많은 욕심을 내려놓을 수 있기 때문입니다. 잠든 아이를 바라보며 기도하는 부모는 오늘 우리 아이가 문제집을 많이 풀게 해 달라거나, 책을 많이 읽고 머릿속에 많은 지식을 얻게 해 달라고 기도하지 않습니다. 그 아이가 바른 사람으로 성장하도록 기도하고 삶의 지혜를 달라고 기도합니다. 지금까지 이렇게 아이가 건강하게 자란 것에 감사하고 성장하는 아이의 모습에 감사하게 됩니다.

기도가 어렵다면 아침에 일어나서 노트에 본인이 바라는 부모의 모습을 글로 적어 보시기 바랍니다. 저는 요즘 이렇게 매일 적고 있습니다. '자비롭고 사랑이 있는 부모가 되게 해 주세요.' 혹은 '소리를 지르지 않고 차분히 설명하게 해 주세요.'라고 말입니다. 아들 둘을 키우다 보니 욱하는 순간이 하루에도 몇 번은 올라옵니다. 그래도 이렇게 글을 적고 시작한 날은 이상하게도 감정을 컨트롤하기 쉬워집니다. 괜히 소리 지르고 나서 나중에 '내가 왜 마녀처럼 굴었지?'라고 후회하지 않습니다.

아이가 좋아하는 것들을 살펴보고, 무릎에 앉히고 책을 읽어 주고 아이를 위해 기도해 주는 것. 어찌 보면 대단한 일이 아닐 수도 있습니다. 하지만 이 작은 습관이 아이와 부모의 관계를 돈독하게 만들어 줍니다. 육아 휴직 기간에 이런 행동을 습관으로 만든다면, 복직 이후에도 큰 부담 없이 지속해서 잘 이행할 수 있을 것입니다.

아이와 돈독한 관계를 유지하는 방법

- 관심을 가지고 아이가 좋아하는 것 살펴 본다.
- 무릎에 안고 책 읽어 준다.
- 나의 만족이 아닌, 아이를 위한 기도를 한다.

비싼 사교육보다는 육아 공동체 교육

육아 휴직을 한 부모님 중 일부는 교육을 집중적으로 해야 한다고 생각을 해서 오히려 다니기 힘들었던 학원에 아이를 태우고 다니기도 합니다. 특히 낮에 부모가 직접 운전을 해야 다닐 수 있는 학원의 경우는 이런 기회를 이용하지 않으면 어렵기 때문에 더욱 열을 올릴 수밖에 없습니다. 하지만 마음을 조금 느긋하게 먹고 한 발치 물러나 생각해 보면, 학원은 앞으로도 아이들이 실컷 다니게 될 곳입니다. 꼭 필요한 곳은 1~2개 다닐 수 있지만, 육아 휴직을 쓴 시기에 굳이 아이를 오랜 시간 사교육으로 보내 놓고 부모와 오래 떨어져 지내는 것은 바람직하지 못합니다.

아이의 배움의 시기를 늦추는 것은 아니지만, 조금은 고생스럽고 완벽하진 않더라도 부모가 직접 시도해 보는 방법도 권해 드립니다. 나 혼자가 어렵다면, 주변의 힘을 모아 육아 공동체를 만들 수도 있습니다.

사교육을 끊을 수 있을까?

2019년에 저에게 주어진 육아 휴직 기간은 정확히 1년이었습니다. 솔직히 5살인 둘째 아이를 위한 휴직이었지만, 10살이었던 첫째 아이를 위해서도 무엇인가를 꾸준히 함께해 주고 싶었습니다. 더욱이 사교육을 끊고 집에서 아이를 직접 가르치게 되었기에 판에 박힌 내용 말고 다양한 활동을 하고자 마음먹었습니다. 이 기간에는 아이와 같이 있는 시간을 늘이고 아이와 친구들도 많이 만나게 해 주면 좋겠다고 생각했습니다.

하지만 한편으로는 아들 녀석을 앞에 놓고 혼자 이것저것 가르칠 생각을 하니, 그다지 재미도 없을 것 같고, 좋은 의도로 시작했으나 중간에 내가 소리 지르는 마녀로 변하거나 모자간에 의가 상하는 형국으로 끝을 장식하면 어쩌나 싶었습니다. 저는 고민 끝에 동네 아이들에게 오픈된 엄마표 수업을 만들어야겠다고 생각했습니다. 친구들과 함께 수업을 들으면 아이는 좀 더 재미있게 참여할 수 있고, 저도 아이에게 화를 덜 내지 않을까 생각되었던 것입니다. 그리고 저 혼자만 선생님이 되면 가르칠 수 있는 수업이 제한적일 것 같아 판을 키워 보기로 했습니다. 휴직과 함께 동네에 교육 품앗이 공고를 붙여서 제가 가르칠 수 있는 과목을 공지하고 다른 부모님 중에서 함께 수업을 진행해 줄 수 있는 분을 찾았습니다.

남편은 힘들게 얻은 휴직이니 편히 쉬라고 만류했고, 저 역시 대학 시절 과외를 해 본 게 고작인지라 초등학생을 잘 가르칠 수 있을지 걱정도 되었습니다. 하지만 다시없을 이 휴직 기간을 그냥 평범하게 흘려보내기는 너무 아쉬워 용기를 냈습니다.

제가 가르치기로 한 과목은 책 읽기(독서), 보드게임, 고무줄놀이었습니다. 독서는 제가 좋아하는 취미이기도 했거니와 첫째 아이에게 꼭 필요한 과목이라 생각되어 빠질 수 없었습니다. 특별히 독서 지도자 자격증은 없었지만, 성대모사를 하며 책을 재미있게 읽어 주고 책에 대한 이런저런 이야기를 함께 나눌 자신이 있었습니다.

보드게임은 수업이라기보단 오락 시간이었습니다. 요즘 공부에만 치중된 아이들에게 가장 필요한 수업이라고 생각되었습니다. 대한민국 아동 권리 헌장에 보면 '아동은 휴식과 여가를 누리며 다양한 놀이와 오락, 문화, 예술 활동을 자유롭고 즐겁게 참여할 권리가 있다.'라고 쓰여 있던 것을 생각하면서 말입니다. 그리고 고무줄은 제가 어릴 적 가장 좋아하던 놀이인데, 이제는 잊히고 있는 것 같아 전통 놀이를 가르치는 사명감으로 아이들에게 가르쳐 주고 싶었습니다. 참고로 첫째 아이는 여자 친구들 사이에서 1년간 모든 고무줄놀이를 다 배웠습니다.

육아 공동체의 힘을 느끼다

누가 이렇게 갑작스럽고 엉뚱한 의견에 동조해 주겠냐 싶었지만, 신기하게도 뜻을 함께해 준 부모님들이 나타나기 시작했습니다. 각자의 전공을 살려 엄마표 스피치, 중국어, 역사, 경제, 건축, 책 연계 활동 수업 등이 개설되었습니다. 현직 아나운서부터 중국어와 역사 전공자, 은행원, 건축학 교수 등 다양한 전공과 경험을 가진 부모님들이 힘을 보태었습니다.

발성부터 신문 기사를 읽는 연습을 하는 스피치 수업, 언어뿐만 아니라 중국의 역사와 문화를 함께 가르치는 중국어 수업, 재미있는 게임으로 돈·시장·금융에 대해 가르치는 경제 수업, 건축물 모형을 직접 만들어 보고 설계하는 건축 수업, 라스베이거스를 연상케 할 만큼 다양한 게임을 하며 웃음이 터지는 시끌시끌한 보드게임 수업, 낯선 노래를 배우고 땀나도록 뛰어 보는 고무줄 수업 등이 1년에 걸쳐 진행되었습니다. 장소는 아파트 단지 관리 사무소에 부탁을 하여 잘 사용하지 않는 대표자 회의실을 주된 강의실 공간으로 사용하였고, 때때로 지역 도서관과 지자체 빈 공간을 신청하여 활용하였습니다.

수업은 동네의 아이들이라면 누구든지 참여할 수 있도록 오픈형으로 개설하였고 수업료는 재료비를 제외하고 회당 3,000~5,000원 정도로 저렴한 비용을 받아 진행하였습니다. 처음에는 정말 3명으로 시작되었던 수업이 점점 늘어나 과목당 8~10명, 전체적으로는 60여명의 아이들이 참여했습니다. 사교육비 줄이면서 조금 더 뜻깊게 아이와 1년을 지내보자고 시작한 일인데, 주변 분들의 호응이 좋아지자 마치 작은 학교가 탄생한 느낌도 들었습니다.

도심 속 작은 학교, 소중한 추억

저와 제 아이가 경험한 품앗이 수업 풍경은 그동안 보아온 학교나 학원 일상과는 상당히 다른 모습이었습니다. 과목이 특이해서 그런지, 소수 정예여서 그런지, 부모가 가르쳐서 그런지 이유는 지금도 잘 모르겠습니다. 가르치는 자와 배우는 자는 있었지만, 수업 중간에 이르면 그 경계는 어느 정도 허물어져 있었습니다. 정해진 시간과 규칙은 있었지만, 그 속에서 자유롭게 이야기하고 다양한 생각이 오고 갔습니다.

또한 내 아이를 위해 시작한 일이었지만, 나중에는 함께 수업을 듣는 한 명 한 명이 모두 귀하고 정말 예쁘게 보였습니다. 첫째 아이는 말했습니다. 엄마랑 같이 있을 수 있어서 좋았다고 말입니다. 저 역시

1년간 첫째 아이와 거의 매일 함께 품앗이 수업을 하며 공부하고, 놀고, 뛰고 웃을 수 있어서 감사했습니다. 복직과 함께 품앗이 수업은 마치게 되었지만, 우리 아이들과 제 기억 속에는 이 소중한 추억이 평생 담겨 있을 것입니다.

동네 육아 공동체를 만드는 방법

- 내가 직접 가르칠 수 있는 수업이 있는지 생각해 본다.
- 주변에서 같은 뜻을 가진 부모님을 모아서 운영해 본다.
- 기존 교육의 틀에 얽매이지 말고 다양한 주제의 수업을 만들도록 한다.

육아 휴직 시기에 하면 좋은 취미

육아 휴직을 고민하면서 이것저것 배우고 싶은 것들이 많이 떠오릅니다. 회사에 다니면서 배우고 싶었으나 시간 관계상 마음을 접고 있었던 외국어, 운동, 문화생활 등 다양한 취미 활동이 얼마나 많은가요? 저 역시 첫 번째 육아 휴직 때 중국어를 배우기도 했고 시간을 내어 꽃꽂이 수업도 참여해 보았습니다. 두 번째 휴직 때는 요가와 골프도 열심히 배웠습니다. 여러분도 마음 한편에 간직하고 있던 취미가 있다면 어떤 것이 있는지 살펴보고 이 기간을 활용하여 조금이라도 시작해 보는 계기가 되었으면 합니다. 육아 휴직 시기에 하면 좋은 취미 생활은 정말 개인 취향이기 때문에 너무나 다양하고 각자 다르겠지만, 이 시기에 하면 정말 좋은 취미 세 가지를 알려드리고자 합니다.

독서는 꼭 하고 볼 일

첫 번째 취미는 바로 독서입니다. 조금은 식상하게 느낄 수 있습니다. 하지만, 독서가 주는 혜택 중 가장 큰 장점은 바로 육아 휴직 기간에 '나의 내실을 다져 준다.'라는 점입니다. 육아 휴직 기간을 보내고 업무로 다시 돌아오면 공백 기간이 느껴집니다. 특히 내가 동료들에 비해서 배경지식이나 관련 업계 소식에서 뒤처졌다는 느낌이 들 수 있습니다. 그렇지만 휴직 기간 동안 일정 분량의 전공 서적, 업무 관련 책을 꾸준히 읽다 보면 이런 공백을 매꿔 주는 것뿐만 아니라 오히려 회사를 다닐 때 보다 더 탄탄한 배경지식과 업무 스킬을 향상할 수 있습니다.

마케팅팀에 있는 저는 육아 휴직 기간에 마케팅이나 기획과 관련된 서적을 읽었습니다. 읽으면서 제가 업무에 적용하고 싶은 항목을 메모하거나 사진으로 찍어 두고 책에 밑줄을 치거나 귀퉁이를 접어놓은 등 다양한 흔적을 남겼습니다. 휴직하면서 읽는 업무 관련 서적은 조금 더 넓은 시야와 다양한 사고를 가능하게 합니다. '이런 내용은 우리 회사에 이렇게 적용하면 좋겠는데.' 혹은 '나도 다음에는 기획서 만들

때 이런 포맷을 사용해 봐야지.'라는 생각 등이 마구 떠오릅니다. 실제로 업무에 복귀했을 때 잊어버리지 않도록 메모한 자료와 주요 서적을 사무실에 가져갔습니다. 그리고 실제로 적용해 보기도 했습니다. 몇 권의 책에 도움을 받았을 뿐인데, 1년 전과 조금은 창의적으로 사고하고 다르게 일하는 제 모습이 보였습니다. 공백 기간에 도태된 것이 아니라 오히려 성장했다고 느끼게 되었습니다.

또한 마케팅팀이라고 하여 마케팅 서적만을 관련 도서로 생각하지는 않습니다. 트렌드, 동향 관련 책이나 미래 사회나 미래 기술에 대한 책, 나아가 심리학이나 경제학 등의 책도 업무에 간접적으로 관련이 있으며 실제로 생각의 전환에도 많은 도움이 되었습니다.

독서를 취미로 삼으면 좋은 장점 중 또 하나는 비용이 적게 든다는 점입니다. 저는 일부 도서만 서점에서 구매해서 읽고 나머지 책은 대부분 중고 서적에서 구매하거나 지역 도서관에서 대여했습니다. 두 번째 육아 휴직 때는 1년간 약 70권의 책을 읽었는데, 실제로 제가 투자한 돈은 5~6만 원가량이었습니다. 요즘 도서관에 가 보면 신간도 많고 워낙 시설이 잘되어 있어서 책을 대여하기 쉽고 편리합니다. 팬데믹 이후 제가 사는 동네에서는 지하철이나 공원에 책 보관함을 두어 무인으로 책을 대여할 수 있는 시스템을 마련했습니다. 이 덕분에 모든 도서관이 문을 닫은 상황에서도 손쉽게 책을 빌려 다양하게 읽을 수 있었습니다.

끝으로 독서는 여러분을 새로운 길로 인도하는 역할도 담당해 줍니다. 그 길은 삶의 방식이나 사고 전환에 대한 새로운 길일 수도 있고, 아이들을 바라보고 육아하는 방식에 대한 새로운 시각일 수도 있으며, 이직이나 창업과 같이 직업에 대한 새로운 길일 수도 있습니다. 입사 이래로 수많은 업무와 결혼, 출산 등으로 바쁘게 살아온 직장인에게 잠시나마 이렇게 눈을 돌려 다양한 생각을 해 볼 수 있는 시간은 흔치 않을 것입니다. 저는 이런 점에서 독서는 투자 자본 수익률(Return On Investment, ROI)이 정말 높은 취미입니다. 돈 한 푼 들이지 않고도 최고의 고급 정보와 많은 위인을 만날 수 있습니다.

부정적 감정을 가라앉히는 산책

걷기 역시 독서처럼 비용이 들지 않는 장점이 있습니다. 값비싼 운동화가 아니더라도 괜찮은 운동화 한 켤레만 있으면 언제 어디서든 쉽게 할 수 있습니다. 걷는 것 자체만으로도 기초 체력 향상은 물론 육아로 받는 스트레스를 완화하는 효과가 있습니다. 아이와 함께 산책 겸 걷는 것도 좋지만, 때로는 혼자 걷는 것을 추천해 드립니다. 배우자나 친지, 지인 등의 도움을 받아 아이를 잠시 맡기고 혼자 산책을 다녀오는 것입니다. 부모님 댁에 방문했을 때도 그냥 집에서만 지내기보다는 아이를 잠시 봐 달라고 부탁하고 30분에서 1시간 정도 주변을 돌아보고 오면 기분이 한결 좋아지는 것을 느낄 수 있습니다.

생각 없이 걷는 것도 명상이 됩니다. 부정적인 감정은 조금 가라앉고 신선한 에너지가 내 안에 들어오게 됩니다. 그렇기 때문에 아이와 잠시 떨어져 걷고 난 이후에 아이를 만나면 훨씬 더 따뜻하고 다정다감하게 아이와 지낼 수 있습니다. 육아에 있어서 부모의 정서가 편안해야 합니다. 값비싼 교구나 비싼 여행이 아니더라도 따뜻한 눈빛과 태도로 아이를 대해 주는 것이 아이가 안정적이고 좋은 정서를 갖게 하는 초석이 될 것입니다. 그렇기 때문에 육아를 담당하는 부모는 자주 혼자 걷는 시간이 필요합니다.

노동이 아닌 취미로 만나는 정리

정리는 청소처럼 집안일, 가사로 느껴져서 전혀 취미라고 생각지 않을 수도 있습니다. 하지만 힘들거나 부담스럽게 해야 하는 집안일이라고 생각하지 말고 매일매일 할 수 있는 작은 취미 생활이라고 생각하면 한층 재미있습니다. 청소가 청소기를 돌리고, 물걸레질을 하고 쓰레기를 버리는 등 더러운 것을 깨끗하게 치우는 개념이라면, 정리는 물건을 제자리에 갖다 놓고 필요한 물건과 필요하지 않은 물건을 나누어 재배치하거나 불필요한 것을 줄임으로써 말끔한 상태가 되게 하는 것을 말합니다.

물론 정리는 워킹 맘이나 워킹 대디라고 해서 더 못 하고 전업 맘이나 전업 대디라고 해서 더 잘하는 것은 아닙니다. 직장을 다니면서도 집안 정리 정돈을 잘하는 분들도 있고 집에서 주로 있으면서도 이 부분에 재능이 없다고 하시는 분도 있을 것입니다. 하지만 저와 제 주변의 상황을 보면 아무래도 직장을 다니는 분들이 대체로 정리에 능숙하지 못한 경우가 많습니다. 집에 머무는 절대적인 시간 자체가 부족하기도 하기 때문입니다. 그렇기에 정리가 육아 휴직 동안 익숙해진다면 복직을 해서 살림을 하는 데도 큰 도움이 됩니다.

정리는 돈이 들지 않는 취미일 뿐만 아니라 때로는 돈을 버는 취미이기도 합니다. 물건을 정리하다 보면 팬트리, 냉장고, 장롱 속에 있던 물건을 다시금 살펴보게 됩니다. 필요 없는 물건은 중고 마켓에 팔 수도 있고 기부도 할 수 있어서 소소하게 용돈 벌이에도 도움이 됩니다. 그리고 무엇보다 경제적으로 큰 도움이 되는 것은 정리를 하다 보면 중복된 물건을 자꾸 사지 않게 된다는 점에서 소비가 절제되는 것입니다. 휴직으로 인해 수입은 줄었는데 소비를 줄이지 않으면 가계 생활이 힘들어진다는 점 앞서서 많이 설명해 드렸습니다. 이 때문에 육아 휴직자가 정리를 취미로 하게 되면 소비가 자연스럽게 줄게 되어 가계 경제에도 도움이 될 수 있습니다.

특히 정리를 하면서 살림살이의 양을 줄이는 것은 중요합니다. 살림살이의 총량이 줄어들면 그만큼 정리하고 청소할 내용이 줄어들어서 점점 청소의 양이 감소하게 됩니다. 살림살이의 양을 단기간에 30~50% 줄이는 것은 어려울 수 있습니다. 그렇지만 1년을 목표로 두고 5~10% 정도는 줄인다고 마음먹으면 충분히 가능한 일입니다.

요즘은 정리하는 방법을 알려 주는 카페나 애플리케이션도 다양하고, 재미있고 좋은 영상으로 소개해 주는 블로거도 많습니다. 일주일에 1~2개씩 보면서 따라 해도 쉽게 배우고 바로 적용해 볼 수 있습니다. 정리라는 취미는 나 스스로에게 주는 만족감도 크지만, 배우자가 집에 돌아왔을 때도 조금씩 변화되는 집을 보면서 느끼는 고마움도 생기게 합니다. 그리고 무엇보다 아이들에게도 어릴 적부터 자꾸 정리하는 습관을 들이게 하는 장점도 있습니다.

지금까지 독서, 걷기, 정리 이 세 가지의 장점에 대해서 생각해 보며 휴직 기간 동안 취미로 삼고 생활해 보시길 설명해 드렸습니다. 한꺼번에 세 가지 취미를 모두 시작하기 부담되시는 분은 한 가지라도 꼭 선택해서 육아 휴직 기간 동안 꾸준히 실천해 보시길 바랍니다. 휴직 기간 동안 성취감과 만족감이 한층 배가 되어 있을 것입니다.

육아 휴직 시기에 하면 좋은 취미 3가지

- 독서는 육아 휴직 기단 동안 나의 내실을 단련해 준다.
- 걷기를 통해 건강과 마음 힐링을 동시에 챙긴다.
- 정리를 하다 보면 재미가 생기고 아이가 정리하는 습관을 지닐 수 있다.

작은 산을 넘어가는 방법

육아 휴직을 사용하며 '현타(현실 자각 타임)'가 오는 분들이 있습니다. 육아 휴직을 하고 나면 느끼게 되는 것 중 하나가 하루하루가 마냥 꿈에 그리던 것만큼 행복하고 재미있는 일만 가득하지는 않다는 것입니다. 물론 여러분도 육아 휴직이 만만치 않으리라는 것은 어느 정도 예상했을 것입니다. 하지만 육아 휴직을 시작하면서 기대했던 것이 있는데, 이런 부분이 자꾸 엇나간다고 느끼면 기운이 빠지고 우울해지기도 합니다.

특히 아이와 많은 시간을 보내다 보면 '무엇 하나도 마음대로 되지 않는다.'라는 것을 느끼게 됩니다. 늦게 일어나는 아이의 기상 시간을 조정하기 위해서도 각고의 노력이 필요하고, 외출 시간을 위해서는 미리 준비물을 챙겨 놓는 등 외부 환경의 변화를 위한 노력이 필요합니다. 하지만 이러한 외부 환경의 변화 말고도 또 중요한 것은 바로 나 자신입니다. 내 몸과 내 마음 상태에 따라 그러한 외부 상황을 받아들이는 저항력(Resistance)이 바뀌게 됩니다.

몸이 지치고 피곤할 때

너무 힘든 순간에는 친정에 가거나 남편에게 아이를 맡기고 푹 자는 시간이 필요합니다. 취침 시간과 기상 시간이 일정한지, 즉 같은 시간대에 잠들고 일어나며 수면 시간은 충분한지 생각해 보시기 바랍니다. 저는 육아로 인한 수면 부족으로 온갖 병을 다 얻었습니다. 수면이 중요한지 알아도 아이 때문에 잠을 못 자는 현실이 답답할 때가 있습니다. 하지만 어쩔 수 없다고 시간이 지나면 괜찮아질 거라며 넘어가시면 안 됩니다.

더 늦기 전에 적극적인 SOS 요청을 해야 합니다. 물론 시간이 어느 정도 해결해 주기는 하지만 자칫하다가 시기를 놓치면 몸이 상하게 될 수 있습니다. 그래서 무리해서라도 주변에 도움의 손길을 달라고 외치시는 것이 좋습니다. 처음에는 배우자한테도 계속 잠잘 시간을 달라고 요구하고, 부모님에게도 아이 맡기고 푹 자는 시간을 가지는 것이 좋습니다. 부모님이 어려우신 경우 형제자매도 좋고 때로는 다소 불편한 시부모님에게도 도움을 요청하시기 바랍니다. 이 시기에는 체면보다도 내 몸이 훨씬 소중합니다. 누군가에게 부탁하는 게 어렵고 불편하더라도 감수하고 꼭 내가 쉴 수 있는 시간을 만드시길 바랍니다.

기분이 우울해지려고 할 때

아이와 온종일 함께 있다가 우울한 순간이 찾아온다면 1시간이라도 아이를 떼어 놓고 혼자 있는 시간을 보내야 합니다. 배우자에게 요청하고 잠시 다른 공간에 있거나 혹은 쇼핑을 핑계로 동네를 한 바퀴라도 돌고 와야 합니다. 사랑스러운 자녀지만 이렇게 잠시라도 떨어져 있는 시간을 두지 않으면 아이에게 괜히 잔소리와 짜증을 내는 제 자신을 많이 보았습니다.

저는 기분이 우울해지는 순간이 찾아오면 산책을 합니다. 때로는 나를 괴롭힌 어떤 대상이 있는 것도 아닌데 우울해지기도 합니다. 전 육아를 하면서 지치고 힘들 때, 혹은 남편과 다투거나 아이들로 인해 스트레스를 받았을 때, 30분이라도 나가서 걷다 보면 붉으락푸르락하던 마음이 가라앉는 것을 느낍니다.

먼저 바깥으로 나가면 실내와 다른 공기가 정신을 맑게 해 줍니다. 다른 공기를 쐬는 것만으로도 같은 생각에서 맴돌고 있던 나를 멈추

게 합니다. 그리고 주변의 다른 사람과 주변 환경으로 시선을 돌립니다. 걸으면서 지나가는 사람들과 하늘 그리고 나무도 바라봅니다. 그렇게 계속 걷다 보면 답답하게 나를 옭아매었던 그 문제가 조금씩은 느슨해지는 것을 느낍니다.

뜻밖에도 내가 스스로 원하는 곳으로 이렇게 걸음을 옮기는 것만으로도 감사해집니다. 발길을 돌려 집을 향할 즈음에는 조금 전에 나를 괴롭히던 문제는 점점 작아지게 됩니다. 그리고 묵묵하게 한 걸음씩 걷고 있는 내 모습이 눈에 들어오며, 스스로를 격려하게 됩니다. 물론 집에 다시 들어오면 그 문제는 그대로 있습니다. 내가 걷고 왔다고 해결된 것은 하나도 없습니다. 하지만 변한 게 딱 하나 있는데 바로 제 마음입니다. 열이 잔뜩 올랐던 제 마음이 조금은 누그러졌습니다.

특히 걷기는 돈이 안 드는 치료법입니다. 한동안 시부모님 문제로 힘들어 하며 지낼 때 우울하고 슬픈 마음이 가득해져서 정신과나 가족 상담 센터에 가서 도움을 받아야겠다는 생각이 들었습니다. 그래서 근처 기관을 알아보았더니 초기 상담료는 10만 원, 이후 상담료는 1회 5~6만 원이었습니다. 육아 휴직 기간이라 가뜩이나 절약하며 지내고 있는데, 매주 큰돈을 지불하며 상담을 받기 힘들 것 같아 수화기만 들었다 놨다 하곤 말았습니다. 물론 전문가의 도움을 받으면 훨씬 빠르고 정확한 치료를 받을 수 있겠지만, 우울증이 경미한 경우에는 제가 추천해 드리는 걷기를 한번 시도해 보시기 바랍니다.

아이 혹은 남편에게 짜증이 날 때

도통 타협점을 찾기 힘들 정도로 남편과 말다툼을 할 때, 한없이 칭얼거리며 떼를 쓰는 아이를 바라볼 때 등의 상황에서 짜증이 올려오는 것을 느낍니다. 심지어 '내가 왜 이 사람과 결혼을 했나.' 혹은 '내가 왜 아이들을 힘들게 낳았나.'라는 생각까지 듭니다. 저는 이때 괴로움 때문에 과거를 후회하지 않으려고 합니다. 반대로 잠시 머나먼 미래를 생각해 보는 방법을 택합니다. 과거와 현재에 너무 집중하다 보면 괴로운 순간이 있습니다. 그럴 때는 내가 현재 바꿀 수 있는 것이 미래라는 점을 인식하는 것입니다. 환경은 크게 달라질 것이 없겠지만 내가 이 상황을 어떻게 받아들이고 어떻게 대처하느냐에 따라 미래는 바뀔 수 있습니다.

밀려오는 화를 참으며 다스리는 방법을 보여 준다면 아이는 저에게서 화를 다스리는 방법을 배울 것입니다. 남편과 아이가 의도적인 것이 아닌 실수로 잘못한 경우, 이를 너그럽게 용서해 준다면 가족은 나의 실수에도 너그러워질 것이며 아이는 마음이 넓은 사람으로 자라날 것입니다.

조금 더 먼 미래로도 가 볼까요? 다소 뜬금없는 이야기 같지만 배우자의 연으로 만난 부부도 나이가 들면 언제가 각자 헤어지게 되는 시기가 올 것입니다. 그리고 아이들도 부모의 곁을 떠나는 시기가 오겠지요. 엉뚱하게도 저는 화가 나거나 짜증이 밀려올 때, 이런 헤어짐을 생각합니다. 그러면 지금 제가 악을 쓰면서 화를 냈던 모습이 부끄럽고 숙연해지기까지 합니다. 죽음을 절실히 느낄 때, 살아 있음과 현재의 소중함이 더 와 닿는 것과 같은 이치입니다.

> 시작하자마자 끝나는 계절이 바로 봄이지.
> 봄의 끝자락보다 더 덧없는 것은 없다네.
> 그러나 봄의 아름다움은 바로 그 단명한 아쉬움에 있다네.
> 인간의 삶은 슬프다네, 그 단명함 때문에.
> 청춘인가 했더니 벌써 내 귀밑머리는 속절없이 희어졌네.
> 하루가 저무는 속도가 화살 같고, 일 년이 촌음 같아,
> 결국 오늘이 마지막인 듯 살아야만 가장 잘 사는 것이라는 걸 깨닫게 되네.
> 오늘 죽을 것처럼 살아보자 하니 사람을 사랑하는 것보다 더 좋은 것이 없어 보이네.
> 사랑하라, 사랑할 수 있을 때까지.
> 이 말이 얼마나 좋은가!
>
> -구본형의 마지막 편지, 구본형 지음- 중에서

아이가 다 자라 제 곁을 떠나는 모습을 생각해 보면, 지금 과자를 카펫에 잔뜩 쏟았다고, 콘센트 구멍이 6개나 달린 멀티탭 위에다가 토했다고, 형제끼리 맨날 투덕거리며 싸운다고, 숙제는 하나도 안 하고 학원만 왔다 갔다 하며 전기세 내주는 게 아깝다고 소리 지르며 화를

내던 제가 부끄럽고 아이에게 오히려 미안해집니다. 한 번 욱하고 감정이 복받쳐 오르는 순간, 헤어짐이 있는 미래를 생각해 보시기 바랍니다. 다시 한번 안아 주고픈 마음이 들 것입니다.

육아 휴직 기간에 우울하다면?

- 몸이 지치고 피곤할 때, 잠을 충분히 자는 방법을 찾아 본다.
- 기분이 우울해지려고 할 때, 가까운 거리를 산책한다.
- 아이 혹은 남편에게 짜증이 날 때, 미래로 시선을 옮겨 본다.

엄마표 도서관 나들이

아이와 책 읽기를 즐겁게 해 보고 싶은 후배 B가 차를 한잔할 것을 제안하여 작은 카페에 자리를 잡았습니다. 우리는 딸기 수제 청을 넣은 딸기 라테를 두 잔을 시켜 마시기 시작했습니다.

B　매니저님, 이야기해 주신 도서관에서 엄마표 책 읽기에 대한 팁을 알려 주세요. 막상 육아 휴직을 시작하려니 혼자 아이와 무엇을 해야 할지 너무 막막해요.

희정　일단 주변에서 가장 가깝고 가기 편한 도서관을 방문해 보세요. 갈 때는 간식도 좀 싸가면 좋아요. 저는 아이가 좋아하는 과자, 음료수, 빵, 떡 등을 가져갔어요.

A　도서관을 가는데 책을 가져가는 게 아니라 간식을 챙겨 가네요?

희정　책은 도서관에 있으니까요. 저는 보통 가면 최소 2시간 정도는 있을 것을 예상하고 가는데 2시간 내내 어린아이가 책만 보는 것은 어려운 일일 수도 있어요. 그래서 40~50분 뒤에 중간에 간식 먹는 시간을 둡니다.

B　도서관에서 그런 걸 먹을 수 있어요?

희정　도서관마다 다르겠지만 요즘은 식당이나 휴게실 등 공간이 별도로 마련되어 있어서 냄새가 많이 나지 않는 음식을 먹는 것은 괜찮아요.

B　아하, 간식이 중요하군요.

희정 그리고 아이가 원하는 것과 엄마가 추천하는 책을 함께 빌려오는 것도 좋아요. 단, 아이가 만화책을 고르더라도 아이가 직접 책을 고르는 일은 중요한 과정이에요.

B 그럼 왜 엄마가 추천해 주는 책을 추가하는 거예요?

희정 다양한 책을 아이에게 접하게 하고 싶어서요. 〈마법 천자문〉에 빠져있을 때는 정말 그 책만 계속 빌려서 보는데, 이때 과학이나 전래 동화책을 한두 권 끼워서 보게 하면 다른 책도 재미있다고 깨닫게 되는 것 같아요. 그럼 다음에는 자기가 스스로 과학책 근처에서 어슬렁거리며 한두 권을 빌려오곤 합니다.

B 또 다른 내용은 없을까요? 제가 알아두면 좋은 팁 같은 것이요.

희정 요즘은 도서관마다 어린이 도서관이 있어서 부모가 작은 소리로 읽어 줄 수 있게 허용된 공간이 많이 있어요. 저는 그곳에서 책을 40분 정도 읽어 주고 간식을 먹은 후에 다시 40분 정도 책을 읽어 주었어요. 그리고 20~30분 정도는 아이 혼자 책을 읽도록 했어요. 책을 읽어 주는 게 힘들지만, 아이에게 질문도 하고 대화도 나누고요.

B 80분을 계속 책을 읽어 준다니요. 정말 대단해요.

희정 이 정도는 별것도 아니에요. 다른 부모들은 목에서 피가 날 정도로 읽어 준다고도 하던걸요. 전 그 정도까지 할 체력이 없어서 80분 정도가 저에게 알맞은 거 같아요.

B 아이와 즐겁게 책을 읽을 수 있는 팁이 있을까요?

희정 구연동화하듯이 다양한 발성으로 책을 읽었어요. 평이하게 책을 읽어 주면 제가 지루해서 80분을 못 참겠더라고요. 그래서 다양한 목소리로 책을 읽어 주었더니 아이도 훨씬 집중해서 재미있게 듣게 되는 것 같았어요.

B 저도 들어보고 싶어요. 그럼 책은 어떻게 고르나요?

희정 처음에 아이가 도서관에 익숙해지기를 원해서 자유롭게 책을 고르도록 했어요. 그다음부터는 다양한 분야를 읽었으면 해서 책을 정하고 갔어요. 제가 미리 책을 정하고 내용을 알고 가면 아이와 책에 대해서 대화를 나눌 수 있어서 유익하답니다.

B 저는 책에 있는 내용으로 무슨 얘기를 나눌지는 모르겠어요. 아이에게 책을 보고 '느낀 점이나 깨달은 점이 있어?'라고 물어보면 '모르겠다.'라고 하거든요.

희정 책 한 권당 2~3개의 질문을 만든다고 생각하면 됩니다. 그리고 어떤 책들은 맨 뒤에 아이와 나눌 질문지가 미리 준비되어 있기도 해요. 이런 책을 적극적으로 활용하시면 정말 도움이 됩니다.

B 다음에 도서관 가면 그런 책을 찾아봐야겠어요. 우리 아이에게 꼭 적용해 보고 싶어요.

때로는 육아와 집안일에 몸과 마음이 지쳐서 자유로운 싱글이나 딩크족의 삶이 부럽기도 합니다. 하지만 부모가 되어야 느낄 수 있는 행복은 말로 표현할 수 없을 정도로 거대합니다. 하루를 아이를 위한 기도로 시작해 감사로 마칠 수 있다면 오늘 여러분의 육아 휴직은 성공입니다.

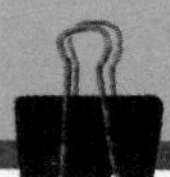

Part 3

육아 휴직,
즐기다

설렘 가득, 아이와 함께 떠나는 여행

육아 휴직을 계획하면서 많은 분이 꿈꾸는 것이 바로 여행이 아닐까 생각합니다. 저 역시도 여행을 좋아하는 사람이라 여행에 대해서 늘 꿈꾸는 편입니다. 이번 장에는 육아 휴직 시기에 계획할 수 있는 여행에 대해 알아보겠습니다. 다양한 여행 방법을 분류하여 내게 맞는 여행은 어떤 것일지 고민해 보시면 좋을 것 같습니다. 여행에 대한 고민이라니, 최고로 행복한 고민이 아닐까 싶습니다. 현재와 같은 코로나 팬더믹 상황에서 여행에 여러 가지 제약이 있습니다. 하지만 코로나 팬더믹이 없어지는 것을 감안하여 해외여행도 언급하였고 국내 여행도 함께 다루었습니다.

아이와 한 달 살아 보기로 했습니다

몇 년 전부터 유행하는 '한 달 살기' 여행이 있습니다. 바쁘게 이곳저곳을 여행하며 흔적을 남기는 것이 아닌 현지인처럼 한 장소에 살아 보는 것입니다. 장소는 정말 다양한데, 국내에서는 제주도가 인기가 가장 많고, 다른 도시(창원, 동해)에서도 한 달 살기를 위한 고객 유치가 한창입니다. 먼 시골이 아니더라도 서울 근교에서 시골스러운 분위기가 나는 집을 구하기도 합니다. 해외는 말레이시아, 태국, 인도네시아 등 가까운 동남아 지역이 인기가 많고 유럽이나 북미 지역으로도 한 달 살기를 떠나는 것을 볼 수 있습니다. 유럽이나 북미 지역으로 가는 경우 1달보다 더 장기로 다녀오는 경우도 있습니다.

국내나 동남아 지역에서 한 달 살기를 하게 되는 경우에는 당연히 비용 면에서 부담을 줄일 수 있고 맞벌이 가정의 경우 일을 하고 있는 배우자도 1주일 정도 휴가를 내고 함께 시간을 보낼 수 있다는 장점이 있습니다. 해외인 경우는 짧지만 집중적으로 언어를 배울 수 있는 점과 현지 문화를 자연스럽게 배울 수 있다는 점도 장점으로 꼽힙니다.

한 달 살기가 가능하게 된 것은 무엇보다도 숙박이나 교육 프로그램이 가능했기 때문입니다. 에어비앤비(Air B&B)를 비롯해 다양한 형태의 숙소가 한 달 살기에 적합하도록 제공되고, 동남아 지역에는 1달짜리 언어 연수 프로그램도 있어 이를 이용하기에 좋습니다.

한 달 살기 여행에 있어 무엇보다 큰 혜택은 많은 이동과 복잡한 일정이 없는 일상과 같은 여행이기 때문에 자연스레 아이와 부모와 함께 있는 시간이 늘고 자녀에게 집중할 수 있다는 점입니다. 그래서 시간이 한참 흐른 뒤에도 아이들이 가장 좋았던 추억으로 한 달 살기를 꼽는 경우가 많습니다. 이런 한 달 살기에서 가장 중요한 것은 재정적인 준비와 배우자의 동의일 것입니다. 아무리 국내나 동남아에서 저렴한 숙소를 구해도 재정적인 부담은 피할 수 없습니다. 현재 살고 있는 집을 떠나 또 다른 곳에서 숙박비와 생활비가 발생하는 것이므로 절약을 한다고 해도 100만 원에서 몇백만 원에 이르기까지 비용이 발생합니다. 유럽이나 북미 지역을 간다면 친인척이 있어서 숙박비를 절감하는 여행이라 해도 최소 500만 원에서 최대 1,000만 원 이상까지 비용이 들게 됩니다.

그래서 한 달 살기를 꼭 해 보고 싶은 분들은 사전에 50% 이상의 여행 경비를 모아두는 것이 중요합니다. 모아둔 돈이 없이 무작정 여행을 가게 된다면 여행의 기쁨보다 여행 후의 생활고가 더 크고 힘들 수 있습니다.

끝으로 혼자 남게 되는 배우자는 경우에 따라 속으로 쾌재를 외칠 수도 있겠지만, 갑자기 혼자 1달을 지내게 되어 외롭고 소외된 기분이 들 수 있습니다. 여행 중 짧은 기간이라도 함께 여행을 할 수 있도록 휴가 일정을 맞춰 보면 더없이 좋을 테고, 이도 어렵다면 여행 중에 자주 연락을 하며 소외된 기분이 들지 않도록 서로 배려하는 노력이 필요합니다.

세계 일주 · 국토 횡단 · 캠핑

흔한 경우는 아니지만, 육아 휴직 대상 자녀가 어느 정도 큰 경우(유지원 이상)에 여러 나라를 여행하거나 장기 캠핑을 떠나기도 합니다. 다양한 문화 체험과 변화를 좋아하고 적응이 빠르신 분들에게 적합합니다. 하지만 캠핑 체질이 아니라고 생각했던 분도 막상 경험해 보고 매력에 빠지기도 합니다. 주변에 국토 횡단이나 캠핑 여행을 다녀온 분을 보면, 처음에 한쪽 배우자의 의지에 의해 끌려가다시피 했는데 오히려 시큰둥했던 다른 배우자가 여행의 참맛을 느끼고 더 만족하는 경우도 있습니다.

이런 여행은 한곳에 머물기보다는 며칠 단위로 계속 이동을 하기 때문에 무엇보다 가족 모두에게 건강한 체력이 필수입니다. 또한 텐트, 캠핑카, 유스 호스텔 등에서 숙박하게 될 경우도 발생하기 때문에 약간의 불편함을 감수해야 합니다. 하지만 불편하고 낯선 일도 오히려 재미와 추억으로 받아들이는 긍정적인 마음을 가지고 여행을 시작한다면 뜻깊은 여행이 될 것입니다.

해외에서 여러 도시를 이동하거나 캠핑을 다니기 위해서도 재정적인 준비가 필수입니다. 숙박비를 저렴하게 하더라도 일정이 길어지면 금액이 늘어나고, 항공비도 만만치 않기 때문입니다. 게다가 새로운 도시로 이동할 때 그 도시에서 유명한 요리나 관광지는 한번 경험해 봐야 하기에 매번 간편식만 먹거나 돈 안 드는 관광만 할 수는 없습니다. 따라서 이런 여행을 꿈꾸는 분들 역시 짧게는 1년 길게는 2~3년 전부터 계획을 잡고 자금을 마련해 놓는 것이 중요합니다.

꿈꿔 오던 버킷 리스트 여행

평소에 꿈꾸었던 곳으로 여행을 가는 것을 말합니다. 국내든 해외든 상관없지만, 맞벌이 부부의 경우 일주일 휴가라도 함께 일정을 맞추기 어려운 경우가 많습니다. 그렇지만 한쪽이 육아 휴직을 한 경우에는 다른 배우자의 일정에만 맞추면 여행 일정을 잡을 수 있기 때문에 비교적 수월합니다.

친정엄마와 함께하는 하와이 여행은 제 버킷 리스트였습니다. 엄마가 아직은 건강하시지만, 연세를 생각하니 1년이라도 빨리 함께 여행을 다녀와야겠다 싶었습니다. 저는 두 번째 육아 휴직 때 큰마음을 먹고 엄마와 함께 떠나는 하와이 여행을 계획했습니다. 저희 가족에게는 일생에 딱 1번일지도 모른다는 생각이 들 정도로 비용 부담이 큰 여행이었습니다. 어른이 3명과 아이가 2명이다 보니 항공료와 숙박비만 해도 상당했습니다. 여행 경비의 2/3 정도는 모았던 돈을 활용하고 나머지 금액은 돌아와서 허리띠 졸라매고 갚았습니다.

아이들을 챙기느라 바빴지만, 그래도 엄마와 함께 해변가를 거닐고, 화산 지역을 하이킹하고, 커피 농장을 구경하며, 이야기를 나누는 등 또 하나의 좋은 추억을 쌓을 수 있었습니다. 엄마는 아빠와 여행을 왔던 하와이를 떠올리며 아빠의 대한 이야기도 같이 나눴습니다. 그리고 손주들까지 챙겨 주셔서 오히려 저희가 더 감사했습니다.

평소에 가고 싶었던 곳이나 꼭 해 보고 싶었던 일을 육아 휴직을 통해 경험해 보는 것은 정말 좋은 기회입니다. 일정에 크게 구애받지 않고 여행하기 좋은 시즌으로, 비행기 값이 높지 않은 기간으로 선택하여 갈 수도 있습니다.

틈만 나면 하기 좋은 1일 1산책

저에게 산책은 하나의 여행입니다. 회사에 다닐 때는 아이들과 한가로이 산책하는 일은 꿈을 꿀 수조차 없었습니다. 그래서 육아 휴직을 하고 나서 틈만 나면 아이들과 산책하러 다녔습니다. 아이들이 집으로 돌아오면 바로 킥보드나 자전거를 타고 산책을 가거나 걸어서 동네 한 바퀴를 돌았습니다. 길을 오가며 아이들은 곤충을 구경하고 꽃이나 나무를 만지고 놀기도 합니다. 휴직하고 맞이하는 산책은 마음의 여유가 있어서 그런지 목적지를 향해 곧장 가지 않습니다. 아이들이 빙글빙글 돌아가도 그러려니 하고 놔두었습니다. 때로는 아이들을 따라다니며 '우리 단지에 이런 곳이 있었나?'라고 새삼 깨닫기도 합니다.

첫째 아이를 처음 에버랜드에 데려갔던 날이 떠오릅니다. 저는 아침 일찍 도착해서 놀이기구도 많이 태우고 맛있는 것도 잔뜩 먹으며 부지런히 돌아다녔습니다. 그리고 멋진 퍼레이드까지 구경하고 흐뭇하게 집에 돌아와 아이에게 오늘 가장 기억에 남는 게 어떤 것이 있었는지 물어봤습니다. 아이는 뜬금없었지만, 놀이기구를 기다리면서 본 개미가 가장 재미있었다고 말했습니다. 아이의 대답이 당황스러웠지만, 그때 깨달은 것은 아이들은 의외로 부모의 생각과 달리 굉장히 사소하고 때로는 지극히 일상적인 일을 좋아한다는 것입니다. 매일 새로운 곳을 맛보는 여행, 화려하고 다양한 체험도 좋습니다. 하지만 때로는 아이들은 부모와 함께하는 작은 일상에서 더 큰 사랑과 안정감을 느끼기도 합니다.

저에게는 육아 휴직을 하는 동안에 산책을 자주 나간 것은 더없이 행복하고 좋은 추억입니다. 팔이 아프도록 그네를 밀어 주고 언덕길에서 자전거를 밀고 올라가는 일이 고생스럽긴 했지만, 회사로 돌아가면 이런 한가로운 일상을 좀처럼 꿈꾸기 어렵기 때문입니다.

체험 거리가 가득한 국내 여행

주말을 이용해 2박 3일, 혹은 3박 4일로 다녀오는 국내 여행은 일단 시간적으로나 재정적으로 큰 부담이 없습니다. 배우자가 일을 하고 있는 경우에도 1~2일 정도 휴가를 내면 크게 부담 없이 다녀올 수 있습니다. 특히 언어 장벽도 없고, 숙박이나 음식 등도 친근하니 부담 없이 다녀오기 좋습니다.

저희는 육아 휴직 기간 동안 한 달에 1~2번 정도 충청도에 있는 회사 연수원에 자주 갔습니다. 자주 다니다 보니 저희 별장 같은 느낌이 들었습니다. 매번 온천에서 목욕을 하고 캠핑장에서 바비큐만 먹을 수 없어서 주변 도시를 돌아다니며 탄금호 유람선 타기, 충주 사과 따기 체험, 차 만들기 체험, 천문대, 한지 박물관 방문 등 다양한 경험과 먹거리를 맛보았습니다.

아이들이 어린 시기이다 보니 여행을 가다 보면 다양한 활동이나 체험을 물색하는 경우가 많습니다. 그런데 하루에 너무 많은 것을 계획하다 보면 가족 모두가 지치고 힘이 빠지는 경우가 생깁니다. 오히려 이런 여행에서는 하루에 1~2개 활동을 계획하면서 조금은 느긋하게 움직이는 것이 좋습니다. 특히 자녀가 영아기라면 해외보다는 틈틈이 짧은 국내 여행을 통해 아이에 코에 바람도 쐬어 주고, 부모도 잠시나마 휴식을 취하는 시간을 가지는 것이 좋습니다.

제가 여행의 형태나 지역으로 설명해 드렸습니다만 여행에 있어 가장 중요한 것은 어디를 가는지가 중요한 것이 아니라 누구와 어떻게 보내고 오느냐가 더 의미가 있었습니다. 아무리 초호화 호텔에서 비싼 식사를 했더라도 여행 도중에 가족끼리 다투고 마음 상하는 일이 생겼다면 좋은 여행이라고 할 수 없습니다.

집 근처로 하루를 다녀오는 소박 여행일지라도 가족끼리 즐거운 시간을 보냈다면 아이들은 그 시간을 더욱 소중하게 생각할 것입니다. 행여 자녀가 너무 어려서 기억을 못 한다고 하더라도 분명 아이의 잠재의식 속에 부모와 함께 보낸 행복한 시간은 좋은 추억으로 자리 잡고 있을 것입니다.

여행은 육아 휴직 전부터 틈틈이 준비하여 재정적인 준비와 스케줄을 계획하는 것이 중요합니다. 그 중에 산책이나 국내 여행은 육아 휴직 기간 전반에 걸쳐 자주자주 일상처럼 다녀오시길 바랍니다. 하루하루, 1년 12달 다양한 종류의 여행과 추억으로 가득 차는 행복한 육아 휴직 기간이 되기를 응원합니다.

아이와 떠나는 여행의 종류

- 아이와 오붓한 여행을 떠나고 싶다면 한 달 살기 여행을 준비해 본다.
- 다양한 체험을 하고 싶다면 세계 일주, 국토횡단, 캠핑 여행을 떠난다.
- 버킷 리스트에 있던 여행지가 있다면 이 기회에 떠나 보자.
- 매일 산책으로 작은 여행을 즐겨 보자.
- 다양한 국내 여행지를 여행하며 육아의 스트레스로 풀고 온다.

적극적으로
운영 위원회에 참여하기

영아가 아닌 유아 혹은 초등학생을 둔 부모라면 이 기회를 이용하여 유치원이나 학교 운영에 적극적으로 참여해 보기를 권장합니다. 육아 휴직은 만 8세 이하 즉 초등학교 2학년 이하 자녀를 가진 부모가 쓸 수 있기 때문에 초등학교 입학을 전후로 저학년 부모들도 많이 사용하고 있습니다. 특히 둘째 아이나 셋째 아이의 육아 휴직인 경우에는 첫째 아이가 초등학교 혹은 중·고등학교에 재학 중인 경우도 더러 있기 때문에 이런 기회를 활용하시면 좋습니다. 회사에 다니며 이런 활동에 참여하기는 좀처럼 엄두가 나지 않습니다. 하지만 육아 휴직을 하는 동안만이라도 참여해 보시기를 바랍니다.

얼떨결에 시작한 학교 운영 위원

저는 학교 운영 위원회(학운위)나 학부모회에 관심이 없었습니다. 제게는 초중고 시절의 어머니회는 소위 치맛바람을 일으키는 극성스러운 엄마의 모임이라는 인상이 강했습니다. 그래서인지 이런 학부모 모임은 진정으로 학교의 건설적인 방향을 제시한다기보다는 '우리 아이 예쁘게 봐주세요.'라는 아부나 암묵적인 압력을 행사하는 단체처럼 보였습니다.

그렇게 관심이 하나도 없었는데 육아 휴직을 하자마자 바로 학운위 멤버로 활동을 하게 되었으니 지금 생각하면 웃음이 납니다. 육아 휴직을 준비 중이라고 친한 언니에게 이야기를 꺼냈을 때, 저에게 학운위나 학폭위(학교 폭력 위원회)에서 활동하는 것을 제안했습니다. 언니도 학폭위에서 활동 중인데 학교에서 일어나는 학교 폭력 사례나 처리 과정에 참여하며 배우는 게 많다고 하였습니다. 당시는 고려해 본다고 말했지만, 육아 휴직은 딱 1년 밖에 없는 소중한 시간이라 되도록 아이들에게 집중하고 싶었습니다. 학교에 끌려다니면서 금쪽같은 시간을 허비하고 싶지 않았기 때문입니다.

2019년 1월 어느 날, 육아 휴직 첫 달부터 아이들과 롯데월드에서 신나게 보내고 있었습니다. 그때 첫째 아이가 다니는 초등학교에서 전화가 왔습니다. 그분은 학운위 담당 교사라고 했습니다. 요란한 퍼레이드 소리 때문에 몇 차례 질문을 하고 나서야 알아들을 수 있을 정도였습니다. 간신히 전해 들은 이야기는 현재 운영 위원으로 활동 중인 첫째 아이의 친구 엄마가 저를 학운위 멤버로 추천하여 참여가 가능한지 여부를 묻는다고 말했습니다. 이 내용을 전해 듣기까지도 통화 내용이 잘 들리지 않아 몇 차례 '다시 말씀해 주시겠어요?'라고 반복해서 물어보았습니다. 힘들게 설명하시는 선생님께 죄송하기도 하고 빨리 전화를 끊고 아이들이 있는 곳으로 돌아가야 한다는 조급함에 알겠다고 말하고 전화를 마쳤습니다. 다음 날 아침에 문자를 보니 학운위 신청서가 메일로 왔다는 메세지가 도착해 있었습니다. 아차, 싶었지만 번복하기도 애매하고 학운위를 통해 배우는 부분이 있겠지 싶어서 신청서를 냈습니다.

어느덧 학운위 열성 멤버

얼떨결에 학운위를 시작했지만, 약 15회 정도 진행된 미팅에 단 한 번도 빠지지 않고 참석한 열성 멤버가 되었습니다. 학교마다 다르겠지만 제가 참여했던 초등학교의 학운위 멤버는 총 8명의 학부모와 지역 위원과 3명의 교직원 그리고 교장·교감 선생님 총 13명으로 구성되었습니다. 보통은 월 1회에서 2개월에 1회 정도로 학운위 회의가 진행됩니다. 안건은 전체 학교 예산 편성 및 결산, 학교 프로그램·행사·방과 후 이슈, 노후화된 시설, 신규 아파트 설립에 따른 신입생 수용 여부,

중학교 배정 방식 제안, 교장 공모제 도입 등 다양하였습니다. 물론 세부적인 내용까지 다 관여하는 것은 아닙니다. 각 담당 부처의 교직원들이 관련 안건에 대해 문서를 제작해 오거나 내용을 설명을 해 주면 제안된 안건에 대해 논의하고 승인 여부를 결정하는 것이 주된 회의 목적입니다.

특히 19년도에는 학교에서 교장 선생님이 새로 바뀌는 시점이었습니다. 교장 지원서부터 면접 등 여러 차례의 모임에 운영 위원이 참석해야 했기에 그 시점에는 조금 더 자주 운영 위원회를 했습니다. 교장 면접은 학부모, 교직원의 선거 결과와 교육청에서의 선거 결과에 의해 결정되기 때문에 운영 위원 단독으로 선출하는 것은 물론 아닙니다. 하지만 상당 부분 관여하는 일이 많았습니다. 학교의 장을 뽑는 절차와 모습을 처음부터 끝까지 살펴보게 된 것은 참 뜻깊은 일이었습니다. 저는 교육청에서 진행하는 면접 때 참관 멤버로 참여하기도 하였습니다. 교감 선생님들이 잔뜩 긴장한 모습으로 '교장이 되면 이런 학교를 만들겠습니다.'라고 공약을 선언하는 모습을 보며 학교의 발전 방향에 대해 깊이 생각하는 시간이 되었습니다.

교육 기관에 참가하면서 알게 된 것들

이처럼 학운위에 참가하며 학교에서 운영되는 크고 작은 일들을 살펴보고 교장·교감 선생님이 고민하는 일들도 직접 얘기 나누며 알게 되니 아이가 다니고 있는 학교가 조금 더 믿을 만한 장소로 느껴지게 되었습니다. 자료를 만드는 교직원들의 노력도 보이고 사서 선생님이나 아침마다 교통 지도해 주시는 자원봉사 할아버지의 이야기 등도 자연스레 듣다 보니 한 분 한 분께 감사함이 쌓였습니다.

끝으로 육아 휴직 중에 학교 모임이나 행사에 참여를 권하는 가장 큰 이유는 바로 여러분이 워킹 맘과 워킹 대디이기 때문입니다. 아이가 1학년, 2학년 동안 회사에 다니며 공식적인 모임에 빠지지 않으려고 정말 많이 노력했습니다. 입학식, 공개 수업, 1·2학기 개별 면담은 물론이고 엄마들끼리 모이는 반 모임에도 빠지지 않으려고 휴가를 내고 참석했을 정도였습니다.

하지만 아무리 제가 이렇게 노력을 해도 워킹 맘이라는 꼬리표 때문인지 걱정 섞인 염려와 함께 '워킹 맘이라 아이에 대한 사랑과 시간에 제약이 있지 않나?'라는 이야기를 선생님과 동네 어머니들로부터 종종 받아왔습니다. 더욱이 3~4명씩 모이는 엄마들 모임에 참석이 어렵기 때문에 입으로 전해지는 정보가 부족한 부분도 있었습니다.

이렇게 말로 표현할 수 없는 워킹 맘의 비애가 운영 위원을 하는 덕분에 말끔히 해결되었습니다. 담임 선생님도 저를 학교와 아이에게 관심이 많은 사람으로 보기 시작하였고, 선생님이 학생과 부모를 긍정적으로 바라봐서 아이의 학교생활도 몰라보게 달라지고 자신감이 넘쳤습니다. 저는 그에 한술 더 떠서 운영 위원 회의가 있는 날이면 아이에게 슬쩍 이야기해 주었습니다. 엄마가 학교에 오는 날에는 아이의 얼굴에 행복함이 묻어났습니다. 아이는 저를 학교에서 마주치든 마주치지 못하든 제가 학교에 온다는 것을 즐거워했습니다.

달라진 것은 선생님과 아이뿐만이 아니었습니다. 학운위에서 결정되는 안건이나 주요 내용을 간단하게 정리해서 반 단톡방에 공유하고 틈틈이 엄마들을 만나는 자리에서 학교 소식을 전했더니 엄마들의 반응도 180도 바뀌었습니다. 워킹 맘이여서 '아이의 교육에 관심과 시간이 떨어지는 사람'이라는 오명을 말끔히 씻은듯 해서 정말 후련했습니다.

학운위 회의 시간은 보통 오후에 1~2시간 정도 진행되므로 복직 이후에도 오후 반차를 내고도 참석이 가능합니다. 그리고 매번 참석한다는 부담감을 내려놓고 50% 정도만 참석한다고 가정하면 1년에 약 4~5번 정도 회의에 참석하면 되는 것입니다. 회사에 다니며 추가적인 휴가를 내는 것이 부담된다면 최소한 휴직 기간만이라도 유치원이나 학교 행사에 적극적으로 참여해 보시기를 바랍니다. 꼭 학운위가 아니어도 학부모회, 도서 도우미, 급식 모니터링, 학교 폭력 위원회, 운동회 준비 위원 등 부모가 참여 가능한 다양한 모임과 이벤트가 있습니다. 유치원도 운영 위원회같이 어머니 모임을 하는 곳도 있고 부모가 책 읽어 주는 날, 부모와 함께 요리하는 날 등의 작은 행사가 마련되어 있습니다.

끝으로 이런 공동체 활동을 하고 나면 함께 활동한 분들과도 친분이 쌓이게 됩니다. 자녀 공동체에 적극적인 부모들과의 인연은 워킹 맘이나 워킹 대디에게는 더없이 소중한 자산입니다. **혹시 복직과 동시에 이런 자리를 떠나게 되더라도 이때 사귄 인연을 잘 유지한다면 자녀 교육 및 학교 소식 등에 많은 도움을 받을 수 있습니다.**

자녀 공동체에 참가하는 방법

- 아이가 속한 공동체 활동이 어떤 것들이 있는지 사전 확인한다.
- 학운위는 연초에 선출하는 경우가 많고 추천을 받거나 신청을 받는다.
- 육아 휴직만이라도 아이가 속한 공동체에 관심을 기울이고 참여한다.
- 함께 활동하는 부모들과도 친분을 쌓자.

개인적이지만, 유용한 육아 노하우

육아에 대해서 제가 그동안 아이들을 키우고 동네 어린이들과 다양한 품앗이 수업을 진행하면서 느꼈던 점들을 토대로 3가지만 말씀드리고자 합니다. 바로 발문을 통한 독서법, 연령별로 루틴 만들기, 공동 육아 시스템 이용하기입니다. 각각의 활동이 아이에게 어떤 의미를 주는지 이해하고 적용한다면 결코 사소하게 느껴지지 않을 것입니다. 그리고 이런 노하우는 육아 휴직 기간 1년에 그치지 않고, 복직 이후에도 지속해서 효과를 발휘한다는 점을 기억해야 합니다. 휴직 기간 동안 아이와 함께 있는 시간이 늘어나면서 이 시간을 어떻게 보내야 할지 막막하고 고민이 되는 분들이 계신다면 하나씩 시도해 보시기 바랍니다.

발문을 이용한 독서 습관 기르기

발문은 독서 전후에 잠시 부모와 책에 대한 이야기를 나누는 것입니다. 이 방법은 대화가 가능한 유아에서부터 초등학교 학생에 이르기까지 모두 해당됩니다. 제가 독서 논술 지도자 과정을 배우면서 알게 된 발문법 중 하나인데, 누구나 쉽게 따라 할 수 있는 몇 가지를 소개해 드립니다.

우선 아이가 책을 읽기 전에 제목이나 앞 표지를 보여 주고 어떤 이야기일지 물어보는 것입니다. 그림책의 경우에는 제목을 가린 채로 그림만 보여 주고 제목을 상상해 보라고 해도 좋습니다. 책을 읽은 후에는 책에 대한 소감이나 느낀 점 이외에도 최소 두 가지 질문을 더 해 볼 수 있습니다. '만약 네가 주인공이었다면 어떻게 행동했을 것 같아?' 혹은 '이 이야기는 이렇게 끝이 났지만, 그 이후에는 어떤 일이 펼쳐졌을까?'라는 질문입니다. 이런 몇 가지 발문법만 가지고 있으면 어떤 책이든지 아이와 책에 대해 추가적인 대화를 이끌어 낼 수 있습니다. 처음에는 이 발문법을 가지고 대화를 시작하고, 읽는 책이 늘어날수록 점점 다양한 질문을 통하여 아이와 대화를 나누면 됩니다.

글씨를 쓸 수 있는 아이는 일주일에 한 번 정도는 독후감을 쓰는 것도 좋은 방법입니다. 독후감이 짧거나 장황해서 내용을 요약하지 못할 경우에는 4컷 만화, 8컷 만화 등으로 그림을 그려 줄거리를 설명해 보도록 한다면 아이가 내용을 정리하는 실력을 키울 수 있습니다.

아이가 책을 많이 읽는 것도 중요하지만 단순히 책을 읽은 권 수에만 집중해서는 안 됩니다. 아이가 책의 내용을 정확히 파악하고 그 내용을 연계해서 다양한 생각을 펼쳐나갈 수 있도록 도와주는 것이 중요합니다. 이런 발문법을 통하여 자연스럽게 아이가 책에 대한 내용을 부모와 이야기 나누는 것이 습관이 들면, 특별히 돈을 들어 독서토론 수업을 하지 않아도 될 정도로 아이가 생각을 정리하는 방법을 익힐 수 있습니다.

어릴 때는 책만 읽어 주다가 갑자기 초등학교 가서 발문법을 이용해서 아이와 이야기를 나누려고 하면 어렵습니다. 아이는 발문에 대답하기는 커녕 빨리 다른 책을 읽어 달라고 말하기 때문입니다. 따라서 어린아이 때부터 책을 읽기 전후로 1~3개의 질문을 통해 아이와 대화 나누는 습관을 기르는 것이 좋습니다.

아이의 나이에 맞는 루틴 만들기

다음은 아이에게 루틴을 만들어 주는 것입니다. 여기서 말하는 루틴이란 일정 시간이 되면 으레 어떤 활동을 하는 것이 자연스럽게 받아들이도록 하는 것입니다. 특히 육아가 힘들다고 느껴지시는 분들은 육아 휴직 1년간 아이의 나이에 맞는 루틴을 만드는 것에 집중해야 합니다. 왜냐하면, 루틴이 형성되면 단계별 육아가 훨씬 수월해지기 때문입니다. 다만 루틴을 형성하기 위해서는 일정 기간 동안 부모의 지속적인 노력이 필요합니다. 아무래도 회사 다닐 때보다는 육아 휴직을 했을 때, 규칙적인 생활 습관을 잡아 주기 좋습니다. 잠자는 시간만 보더라도 부모가 회식이나 야근으로 퇴근이 늦어지면 루틴이 깨지기 쉽습니다. 완벽한 루틴이 형성되기 전까지는 지속해서 부모가 곁에서 시간을 함께 보내는 노력이 필요합니다. 당장 2~3개월은 고생스럽지만, 루틴이 형성되면 2~3년은 편해집니다.

영아의 경우, 수면, 식사, 놀이, 목욕 등의 패턴입니다. 수면 시간이나 식사 시간 등이 불규칙하거나 올바른 습관이 들지 않으면 지속적으로 아이는 짜증을 내거나 보채기 쉽고, 이는 결국 부모에게 피곤을 가중합니다. 힘들더라도 저녁 9시가 되면 가족들이 불을 끄고 누워 있는 연습을 해서 아이가 자는 시간으로 만들어야 합니다. 요즘에는 〈똑게 육아, 로리〉와 같은 책들을 통해 수면 패턴을 잘 훈련하는 방법이 많이 소개되고 있으니 참고해 주시기 바랍니다.

유아기인 아이와도 산책, 놀이, 독서 등을 비슷한 시간대에 하는 습관을 들이면 나이가 들면서 아이는 그 시간을 스스로 즐기기도 하고 주도적으로 활용하기도 합니다. 행여나 부모가 정한 루틴에 아이가 그 활동을 싫어하면, 활동 후에 아이가 좋아하는 것을 하거나 맛있는 것을 먹도록 하면 됩니다. 이렇게 한 달 정도 지속하다 보면 아이는 루틴으로 받아들이고 훨씬 수월하게 참여하게 됩니다.

유치원이나 초등학생의 경우도 학습, 게임, 놀이 등이 매일 변동되기보다는 부모와 상의하여 만든 시간표를 토대로 활동하도록 지도하는 것이 좋습니다. 아침 일찍 잘 일어나는 아이는 오전 7~8시까지 수학 문제집을 풀거나 책을 읽는 시간으로 정해 놓는 것입니다. 또한 저녁 먹고 나서 1시간은 일기를 쓰는 시간이나 숙제를 하는 시간으로 정해 놓는 것입니다.

아이가 습관을 들이기까지는 3개월 이상의 시간이 소요되기 때문에 처음에는 잔소리도 해야 하고 신경 쓸 일이 많아서 부모도 힘들지만, 점차 습관이 될수록 잔소리는 줄어들게 될 것입니다. 그뿐만 아니라 스스로 하게 되면서 점차 독립심이 생기는 것도 확인할 수 있습니다. 단, 초등학교 시절에는 그 시간을 모두 아이에게 맡겨 놓기보다는 중간마다 부모가 참여하고 확인해야 합니다. 스스로 목욕할 때 위험한 일은 없는지, 놀면서 어떤 놀이를 가장 좋아하는지, 공부하면서 잘못된 공부 습관을 지니고 있지는 않은지 등입니다. 방임과 지나친 통제가 아닌 자율성을 주면서 부모가 안내자 역할을 하는 것입니다. 잘 지켰을 때는 칭찬과 작은 보상을 통해서 아이가 성취감을 느끼도록 해야 합니다.

루틴이 잘 형성된 아이들은 초등학교 고학년에 이르면 스스로 학습하거나 생활할 수 있는 자기 주도형 생활 방식이 몸에 배어 부모가 복직한 이후에도 훨씬 안정적인 가정생활을 할 수 있습니다. 형제, 자매, 남매가 있는 경우라면 같이 노는 습관을 들이는 것도 놀이의 루틴이라 할 수 있겠습니다.

공동 육아 시스템을 이용하자

지역 사회에서 운영하는 공동 육아 프로그램이 많이 있습니다. 먼저 우리 집 주변에 이용할 수 있는 육아 지원 센터가 어디인지부터 확인하는 것이 좋습니다. 참고로 지자체에서 다양한 육아 지원 프로그램이 있으니 이런 부분도 꼭 놓치지 말고 육아 휴직 기간 동안 챙겨 보시길 바랍니다. 예를 들어 경기 육아 지원 센터의 경우, 가정 양육 수당, 0세 전용 어린이집 정보, 부모 교육 신청, 부모 상담실, 놀이 체험실 & 아리러브맘 카페, 장난감 도서 대여 서비스 등을 운영하고 있습니다.

이미 같은 마음을 가진 사람들이 모여 지역 공동체를 이루고 있는 곳도 찾아볼 수 있습니다. 〈엄마 내공〉과 〈엄마의 20년〉의 저자 오소희 작가가 이끄는 '언니 공동체 카페'를 검색해 보시면 이미 공동 육아 시스템을 운영하고 있는 지역이 있는 것을 알 수 있습니다. 점차 확산되고 있는 단계라 전국에 퍼져 있는 것은 아니지만, 아직 공동체가 형성되지 않는 지역에서는 내가 먼저 용기를 내서 오픈을 해 보면 같은 마음을 가진 부모님들이 하나둘 모이게 될 것입니다.

지자체나 기존 운영되는 공동 육아 시스템이 집 근처에 없고 적합한 프로그램이 없다고 판단되는 경우, 내가 직접 2~3인의 가정을 모아 공동 육아 시스템을 만들어도 좋습니다. 저도 주변 부모님들의 손길을 모아 자녀들을 위한 보드게임, 독서, 건축, 중국어 수업 등 다양한 프로그램을 운영하였습니다. 요즘에는 워낙 재능이 있는 부모님들이 많아서 2~3가정만 모여도 쉽게 공동 육아 시스템을 구축할 수 있습니다.

주의할 점은 그저 부모와 자녀들이 모여서 놀고 수다 떠는 모임으로 그치지 않도록 목표를 계속 점검하는 것입니다. 블로그나 SNS를 통해 간단한 활동 후기를 올리는 방식도 목표를 꾸준히 유지하기 좋은 방법입니다. 간단하게라도 활동 내용을 정리하고 공유하다 보면 보다 체계적이고 지속력 있게 모임을 운영할 수 있습니다. 아이가 어려서 학습 위주의 모임이 어려운 경우는 함께 산책을 하거나 함께 공원이나 놀이터에서 모이는 모임도 좋습니다. 아이의 연령과 상황에 맞게 마음이 맞는 육아 공동체 파트너를 찾는 것이 중요합니다.

이상으로 휴직 시 육아에 대한 노하우 3가지를 말씀드렸습니다. 아무리 자녀에 대한 사랑과 열정이 넘쳐도 아이가 말을 듣지 않고 떼를 쓰는 시간이 늘어나거나 내 체력이 바닥날수록 한계가 오기 마련입니다. 독서를 통해 자녀와의 대화 시간을 늘리고, 루틴을 만들어 부모가 체력적으로 한계에 다다르지 않게 하며, 공동 육아 시스템을 통하여 조금은 주변의 도움을 얻는 시간을 마련하기 바랍니다. 처음에는 낯설고 어색해도 조금 지나면 아이와 부모 모두가 행복한 육아 방식을 찾을 수 있습니다.

육아 휴직 시 육아 노하우

- 간단한 나만의 발문법을 활용하여 아이의 독서에 대해 이야기 나눈다.
- 나만의 발문법이 어렵다면 동화책 뒤에 나온 질문을 활용해 본다.
- 연령에 맞는 루틴한 습관을 가르친다.
- 지자체에서 제공하는 공동 육아 시스템을 찾아본다.
- 마음에 드는 곳이 없다면 내가 직접 공동 육아 시스템을 만들어 본다.

육아 휴직 생활의 지혜, 살림살이 비결

워킹 맘이나 워킹 대디로 살다 보면 살림살이나 육아에 대한 노하우는 부족한 면이 많습니다. 결혼을 했다고 노하우가 생기는 것은 아니기에 일정 시간이라도 집중해서 관심을 가져야 비로소 조금씩 성장하게 됩니다. 저도 처음에는 살림을 도맡아 해 본 적이 없기 때문에 밥을 하고 청소하는 데 시간이 오래 걸렸습니다. 게다가 아이의 수업을 옆에서 챙겨 주고 숙제를 봐주다 보니 잠시도 쉴 틈이 없더라고요. 회사에서는 똑 부러지고 일 잘한다는 소리도 꽤 들었는데 마음처럼 잘 안 되는 집안일에 우울해지기도 하고 괜히 아이들에게 언성만 높아져서 걱정스러웠습니다. 육아 휴직 기간을 적극적으로 활용하여 저만의 살림살이 방법을 하나씩 터득해 나갔습니다.

요리는 쉽고 간단하게

첫째는 쉬운 요리책이나 요리 채널을 찾는 것입니다. 요즘 워낙 맛있고 다양한 가정 간편식(Home Meal Replacement: HMR)을 쉽게 구할 수 있어서 힘든 경우는 가정 간편식에 의존해도 됩니다. 하지만 모든 식사를 간편식에만 의존할 수는 없고 집밥을 요리해 먹고 싶은 분들에게는 쉬운 요리책을 고르는 것을 추천해 드립니다. 집밥이나 가정식이라는 키워드로 인터넷에 검색해도 수많은 책이 나옵니다.

제가 추천해 드리는 요리책은 〈이밥차(2,000원으로 밥상 차리기)〉라는 월간 잡지입니다. 오해의 소지가 있어서 설명을 하자면 2,000원으로 한 끼 식사를 차린다는 뜻은 아니고 이 잡지가 나왔을 당시 잡지 가격이 2,000원 수준이었기 때문에 붙여진 이름입니다. 지금은 권당 3,000원대입니다. 저는 첫 육아 휴직 때 이 잡지를 1년간 구독했습니다. 이 책의 좋은 점은 계량법이 단순하고 실용적인 설명되어 있어서 복잡한 요리 도구 없이도 쉽게 음식을 만들 수 있습니다. 또한 월간 잡지이기 때문에 그달에 맞는 제철 음식을 담고 있어서 보다 저렴한 비용으로 건강한 식사를 준비할 수 있습니다. 또한 잡지에 한식, 양식, 간식 종류를 다 담고 있어서 다양한 음식을 도전해 볼 수 있습니다.

한 가지 첨언을 하자면 요리책이나 요리 채널을 보고 만든 음식에 대한 평과 느낌을 짧게 메모를 하시기 바랍니다. 예를 들면 레시피에는 간장 3스푼이라고 나와 있지만, 내 입맛에는 조금 짜서 다음에는 2스푼만 넣자거나, 레몬이 없어서 식초로 대체했는데 괜찮았다는 등의 의견을 2~3줄씩 남기는 것입니다. 그리고 마치 영화평이나 서평처럼 스스로 만든 음식에 별점을 매기는 것입니다. 이 메모는 본인의 실력을 조금씩 업그레이드해 주는 작은 비책이니 잊지 말고 실천해 보시기 바랍니다. 점차 이런 메모가 쌓이다 보면 나만의 레시피가 만들어질 것입니다.

청소와 정리는 몸에 부담이 가지 않을 정도만

두 번째는 청소와 정리에 대한 부담을 적게 가지는 것입니다. 솔직히 아이들이 있는 집은 치워도 치워도 끝이 없습니다. 가족이 모두 정리하는 습관과 집을 깨끗이 관리하는 버릇이 있다면 문제가 없겠지만 아이가 생기고 부모 중에 한 사람이 체력이 떨어지다 보면 순식간에 집안이 엉망이 됩니다.

우선 매일 청소기, 물걸레질, 세탁 등 모든 과정을 다해야 한다는 생각을 버려야 합니다. 어린아이가 있는 집에는 당연히 먼지가 많으면 안 되기 때문에 청소기는 자주 사용해야 합니다. 하지만 그런 경우가 아니라면 요일별로 일을 나누어 정해 보시기 바랍니다. 모든 청소를 매일 한다고 생각하지 말고 격일이나 3일에 한 번꼴로 하는 등 조금은 여유 있는 마음으로 계획을 세워야 합니다. 그래야 청소로 인한 압박에서 조금은 자유로워질 수 있습니다. 저는 청소기는 가급적 매일 사용하되, 물걸레는 격일로, 세탁은 월·목요일만 하는 것으로 정하고, 그 이상은 무리하게 강행하지 않았습니다. 그 외에도 이불 빨래, 창틀 청소, 팬트리 청소 등은 한 달이나 분기별로 하기로 정했습니다.

물티슈나 물걸레로 닦아야 할 것이 있다면 딱 한 장만 닦고 청소를 멈춘시기 바랍니다. 먼지를 조금 닦아 내기 위해 시작한 걸레질이 대청소로 이어지게 되는 경우가 있습니다. 물론 청소를 마쳤을 때는 너무 상쾌하고 좋지만, 이렇게 대청소를 하고 나면 아이들과 놀아 줄 체력이 전혀 남아 있지 않습니다. 주방 가구나 욕실에 얼룩이 있는 곳을 닦으려고 매직 블록을 사용할 때도 마찬가지입니다. 작은 사이즈로만 자르고 사용하시기 바랍니다. 청소를 하다 보면 자꾸 다른 곳에 얼룩이 보이는데, 내가 정한 구역을 청소하고 다른 곳이 신경 쓰여도 중지하시기 바랍니다. 한 번에 너무 많은 에너지를 다 소진하지 않아야 매일 자주 청소하는 습관을 가질 수 있습니다.

청소의 압박을 조금 낮추는 대신 오히려 매일 잊지 말고 실천해야 할 부분이 있다면 바로 정리입니다. 청소가 먼지를 없애고 더러운 것을 닦는 것이라면, 정리는 물건을 제자리에 갖다 두는 것입니다, 정리는 하루에 2번(10~20분)만 하시기 바랍니다. 정리를 하는 시간은 배우자가 오기 전에 한 번, 잠들기 전에 한 번 이렇게 두 번입니다. 시간을 이렇게 두 번으로 나눈 것은 퇴근하고 돌아온 배우자나 자녀에게 난장판인 집을 보이지 않기 위해서입니다. 아이들이 돌아오는 시간이나 배우자가 돌아오는 시간에 집이 너무 어수선하면 집에서 느끼는 안정감과 편안함이 떨어질 뿐만 아니라 심지어 '집에서 뭐 했어?'라는 소리를 듣기도 합니다. 육아를 하고 집안일까지 하느라 정말 힘들게 보냈는데 이런 소리를 들으면 정말 기운 빠지는 일이 아닐 수 없습니다.

더 심한 문제는 마치 '깨진 유리창의 법칙'처럼 어수선한 집은 다른 식구들이 더 쉽게 어지르는 경향이 있습니다. 그렇기에 조금만 정리가 되어 있어도 서로가 말끔한 상태를 유지하고자 노력하게 됩니다. 잠자리에 들기 전에 짧게 정리하는 시간을 갖는 것은 하루를 마감하는 시간이기 때문입니다. 고단함이 밀려오는 힘든 시간이지만 잠깐이라도 이 시간에 정리를 하고 잠자리에 들면 아침에 일어나 상쾌한 느낌을 받을 수 있습니다. 풍수지리학에서도 잠자리 들기 전에 거실, 부엌 등을 정리하는 것이 좋은 운을 가져온다고 하니 이 시기에 정리하는 습관을 길러 보시기 바랍니다.

살림살이가 힘들다면, 도움 요청하기

육아 휴직을 했다고 모든 살림살이를 내가 도맡아야 한다고 생각할 필요는 없습니다. 아직 살림에 익숙하지 않은 분이 살림살이 독박을 한다면 엄청난 스트레스임은 물론 몸이 골병들기에 십상입니다. 도움을 요청할 수 있는 가장 좋은 상대는 바로 배우자입니다. 맞벌이 부부라고 해도 가사에 손 하나 까딱 안 하는 배우자가 있지만, 어떤 경우는 반반씩 적절하게 분배하여 서로의 형편을 봐주는 경우도 있습니다. 그런데 맞벌이 가정이었다가 한쪽이 휴직을 하게 되면, 출근하는 배우자가 휴직한 배우자에게 가사를 전적으로 위임하거나 도맡아서 해 주길 바라는 경우가 많습니다.

당연히 휴직자에게 가사가 늘어나는 것은 인정하지만, 몸에 무리가 간다면 반드시 가사 분배를 하는 것이 필요합니다. 가사에서 힘든 점을 이야기하고 최소한 어떤 부분은 도와달라고 요청해야 합니다. 개인적으로 저는 가사나 육아에 있어서 누군가가 메인이고 누군가는 도움을 주는 이런 구조를 굉장히 싫어합니다. 부부가 동등한 입장이 여야지 한쪽이 도와준다는 생각을 가지면 안 됩니다. 특히 맞벌이 가정에서는 더더욱 그렇습니다.

하지만 도움이 필요하다는 이 말을 동의를 끌어내기 위한 전략 정도로 생각하시면 어떨까 싶어서 적어 봅니다.

나는 ______부분이 힘들기 때문에 ______은 당신이 도와주었으면 좋겠어.

위와 같은 문장을 직접 노트에 적어 보는 것입니다. 저는 새벽형 인간이라 아침에는 에너지가 많지만, 밤 9시가 넘어가면 급격히 체력이 떨어지는 경우가 허다합니다. 그래서 저는 남편에게 이렇게 요청을 했습니다.

> 나는 9시 이후에는 너무 피곤해져서 아이를 씻기고 재우는 것을 하기 힘들기 때문에 아이들 목욕이랑 재우는 것은 당신이 도와주면 좋겠어.

365일 남편이 이 부분을 맡아 주지는 못했지만, 그래도 일찍 들어오고 여건이 가능한 상황에서는 최대한 이 부분을 잊지 않고 챙겨 주었습니다. 부탁을 하지 않고 제가 혼자 도맡아 했으면 저는 밤마다 짜증 섞인 말로 아이들을 재우고 힘들어 했을 것입니다. 배우자에게 부탁을 했고 도움을 받았기에 제가 가장 힘든 밤 시간을 하루하루 견딜 수 있었습니다.

특히 그동안 베이비 시터나 이모님의 도움을 받아 가사나 육아를 분담했던 가정의 경우에는 육아 휴직과 동시에 칼같이 그 도움을 끊기 보다는 일주일에 한 번 정도 도움을 받는 것도 좋은 방안입니다. 단, 경제적인 여력이 허락하는 선에서 말입니다. 다른 부분의 소비를 줄이더라도 가사나 육아의 도움을 주 1회 정도 받는 것은 하루라도 내가 쉴 수 있는 날을 마련해 두는 것입니다. 돈이 드는 부분은 있으나 급격한 체력 저하나 우울증으로 오는 피해를 줄일 수 있습니다.

모쪼록 육아 휴직을 시작한 많은 분이 가사들로 인해 많은 스트레스를 받지 않고 조금은 수월하게 그 과정을 거치시길 바랍니다. 그리고 그 노력과 수고는 단지 그 시기에만 쓰고 없어지는 것이 아니라 복직한 이후에도 5년, 10년 워킹 맘과 워킹 대디로 살아가면서 능숙하게 살림을 이끌 수 있는 비결이란 점을 잊지 마시기 바랍니다.

살림살이 노하우

- 요리는 쉽고 간단한 요리책이나 요리 채널 1~2개만 선택한다.
- 사용한 레시피에 평점과 한 줄 메모 남긴다.
- 청소·정리는 부담이 가지 않을 정도로 짧게 한다.
- 정리는 배우자 오기 전, 잠자리 들기 전 10분만 한다.
- 살림살이가 힘들다면, 주변에 도움을 요청한다.
- 도움을 요청할 때는 이유와 도움받고 싶은 내용을 구체적으로 말한다.

간식과 수다 시간이 주는 행복

아이를 키우는 부모님들 중에서도 누군가는 육아에 대해 행복하다고 이야기하는 반면, 어떤 분은 힘들고 어렵다고 합니다. 이렇게 차이가 나는 이유는 부모의 육체·정신적 상태, 아이의 기질과 성향, 경제적 상황 등 여러 가지 원인이 있습니다. 그리고 또 하나의 원인으로 비슷한 정도의 스트레스를 받으면서도 그것을 어떻게 대응하고 처리하느냐에 따라 달라질 수 있습니다. 즉 내 안에 들어오는 스트레스의 양도 중요하겠지만, 그것을 바깥으로 얼마나 잘 배출시킬 수 있느냐도 굉장히 중요한 부분입니다.

아이의 기질이나 경제적 상황 등은 내가 단기간에 노력한다고 해서 쉽사리 바뀔 수 있는 부분은 아닙니다. 하지만 스트레스에 대응하여 처리하는 방법은 의외로 빠르고 쉬운 방법으로 해결될 수 있습니다. 육아에서 오는 스트레스가 점점 쌓여서 힘들어지기 전에 조금씩 흘려보내는 나만의 방법을 찾는 것이 중요합니다.

나만의 수다 시간을 찾는 방법

부모가 행복하게 육아를 한다고 소문난 스웨덴과 프랑스를 살펴보면, 두 나라 모두 전 국민이 애용하는 간식 시간이 있습니다. 스웨덴에서는 휘까(Fika)라고 하여 나른한 오후에 직장에서는 동료와 함께, 주말에는 가족이나 친구와 함께 이야기를 나누며 간식을 먹습니다. 프랑스에서는 오후 4시가 되면 유치원에서부터 회사원에 이르기까지 간식과 차를 마시는 구떼(Gouter)라는 시간이 있습니다. 육아 휴직을 사용하고 있는 부모도 예외는 아닙니다. 주위 이웃들과 함께 달콤한 간식을 먹으며 육아에 대한 정보도 나누고 다양한 주제로 담소도 나눕니다.

우리나라에서는 아줌마들이 카페에 모여서 이야기를 하고 있으면 그냥 '수다 떤다.'라는 말로 표현합니다. 심지어 이 단어 속에는 '논다'라는 부정적인 느낌까지 내포하고 있습니다. 하지만 저는 육아 휴직을 사용한 부모에게 이 시간이 필요하다고 생각합니다. 아무리 아이를 사랑해도 같이 있는 시간이 많아지다 보면 육아로부터 오는 스트레스와 피로가 있기 마련입니다. 스트레스를 푸는 방법은 운동, 산책, 마사지, 독서, 여행 등 사람마다 천차만별일 것입니다. 육아에서 오는 스트레스는 우울증으로도 발전하는 경우가 잦기 때문에 주변 사람들과 만남 그리고 대화를 통해 자연스럽게 흘려버리도록 하는 것도 좋은 방법입니다.

특히 육아 휴직을 사용하는 부모가 이런 시간을 가져야 하는 이유는 육아 휴직을 하면 대체로 회사에 다닐 적보다 인간관계의 범위가 확연히 줄어들기 때문입니다. 육아 휴직해서 만나는 사람은 슈퍼마켓 직원, 택배 아저씨, 유치원 선생님, 경비 아저씨 등을 제외하면 가족이 전부입니다. 복잡한 인간관계에서 해방되었다는 자유로움도 있지만, 육아 휴직 내내 이런 좁은 인간관계를 맺고 있다 보면 답답할 수 있습니다.

그럼 일주일에 몇 번, 몇 시간이 적당할까요? 그건 정답이 없습니다. 본인의 성향과 여건에 따라 횟수와 시간은 적당하게 조절해야 합니다. 저는 첫 번째 육아 휴직 때는 다행히도 정기적인 모임 있었습니다. 교회 공동체 모임에서 주 2회, 친해진 이웃 주민과 주 1회 정도 시간을 가졌습니다. 시간은 1~3시간 정도였고 대부분 아이(당시 만2세)도 함께 있었습니다. 부모와 아이와 함께 만나면 정신은 없지만, 부모는 부모끼리 아이는 아이끼리 친구를 맺을 수 있어서 모임이 더 단단하게 유지되는 장점이 있습니다. 두 번째 육아 휴직에서는 주 1~2회 시간을 갖도록 하였습니다. 첫 육아 휴직 때와 달라진 점이 있다면 첫 육아 휴직 때는 같은 멤버를 매주 만났다면, 두 번째 육아 휴직 시기에는 매번 다른 사람들을 만났다는 점입니다.

가장 중요한 것은 사람들과 만남에 있어서, 내가 편하고 조금이라도 행복해지는 곳을 찾아야 합니다. 그리고 서로에게 긍정적인 영향을 주는지도 지켜봐야 합니다. 예를 들어 배우자의 흉을 보거나 누군가의 험담을 하는 것이 지나치게 반복되고 있다면 그 모임은 잠깐 거리를 두고 고민해 봐야 할 것입니다. 또한 반드시 간식과 수다 시간이 있어야 한다고 주장하지만, 어디까지나 적당한 수준이어야 합니다. 무엇이든 지나친 것은 좋지 않습니다. 이 수다 시간이 너무 많아지면 육아 휴직을 하기로 했던 본질을 잊고 친목 위주로 시간을 보낼 수가 있으니 주의하시기 바랍니다.

용기는 친구를 사귈 때 쓰라고 있는 것

혹시 이런 모임을 함께할 사람이 없다면 적극적으로 주위 관계를 개선하기 위해 육아 친구를 사귀어야 합니다. 놀이터에서 내 아이와 잘 노는 아이의 부모에게 대화를 시작해 볼 수도 있고, 문화 센터나 유치원 그리고 학교 등에서 적극적으로 차를 권하며 이야기를 꺼내는 시도를 해야 합니다. 선뜻 용기가 나지 않는다면 내 아이를 위해서라고 생각해 보면 불끈 용기가 솟을 것입니다.

타지에서 첫 육아 휴직을 시작한 저는 동네에 아는 사람은 하나도 없었습니다. 저는 물론이고 아이도 친구를 너무 사귀고 싶었습니다. 그러던 중에 아파트 12층에 살던 저는 엘리베이터를 들락거리다가 7층에 제 아들 또래의 여자아이가 산다는 것을 알게 되었습니다. 어느 날 이른 저녁에 반찬을 조금은 넉넉하게 만들고 절반을 용기에 담아서 7층 집으로 향했습니다. 그리고 용기를 내어 초인종을 눌렀습니다. "안녕하세요! 1201호인데요." 702호 문이 열리며 그 집의 엄마가 빼꼼히 고개를 내밀었습니다. "저녁 반찬을 했는데, 저희는 3식구라 너무 많이 해서 같이 나눠 먹으려고요. 아기가 있으신 것 같던데 저녁을 해 먹기 바쁘잖아요."라며 전달했습니다. 갑작스러운 방문에도 7층 엄마는 너무 고맙다고 인사하며 반찬을 받았습니다. 그리고 다음 날 반찬통을 돌려주기 위해 우리 집에 방문했을 때 저는 이 기회를 놓칠세라 차를 권하여 함께 이야기를 나누게 되었습니다.

그분은 재일 교포로 한국인 남편을 따라 한국으로 이사 온 지 얼마 안 되었다고 했습니다. 그리고 혼자 외로웠는데, 친구가 생겨서 반갑다는 말을 전했습니다. 이렇게 해서 저희는 1년 동안 서로의 집을 오가며 종종 만나서 이야기를 나누는 동네 친구가 되었습니다. 8년이 지난 지금은 저는 서울로 그분은 일본으로 돌아갔지만, 여전히 SNS로 안부를 물으며 그리워하는 사이가 되었습니다.

반찬까지 만들어 이웃집 문을 두드린다는 것은 아이를 낳기 전에는 정말 상상도 못 하던 일이었습니다. 오로지 친구를 만들어야겠다는 생각이 간절해 용기가 났던 것 같습니다.

누구에게나 새로운 친구를 사귀는 것은 쉬운 일은 아니겠지만, 가장 취약한 사람은 육아 휴직을 낸 아빠일 것입니다. 엄마들은 직장인이어도 자연스레 한두 개 동네 모임에 속해 있는 경우가 많은데, 아빠들은 그런 동네 모임이 적습니다. 이 경우는 눈을 질끈 감는 용기가 필요합니다. 유치원, 학교, 문화 센터 등에서 만나게 되는 부모와 간단한 대화도 시작해 보고 은근슬쩍 아이의 반 모임에도 참여해 보아야 합니다. 그리고 간혹가다가 육아 휴직 남자 동지나 프리랜서 등으로 낮이 여유로운 다른 아빠들을 만날 수 있습니다. 그럼 이때를 놓치지 말고 이야기를 걸어 보고 어느 정도 마음이 맞으면 당장 친구로 삼아야 합니다.

앞으로 나아지겠지만 아직은 낮 시간에 만날 수 있는 아빠의 수가 너무 적습니다. 그렇기에 웬만해서는 친구를 맺는 기회를 놓치지 않기를 바랍니다. 솔직히 아빠 입장에서는 그룹 모임을 제외하고는 개별적으로 다른 집 아이 엄마를 사귀는 것은 상당히 어렵습니다. 그러므로 같은 남성 동지를 만나면 적극적으로 대화를 시작하고 친구가 되도록 노력해야 합니다. 잘만 되면 스웨덴의 '라떼 파파'의 모습도 부럽지 않게 햇살이 비추는 동네 카페에서 함께 커피를 마실 수 있는 육아 친구가 될 것입니다.

지치고 반복되는 육아의 피로를 편안한 지인들과 나누는 담소로 툭 툭 털어 버리시기 바랍니다. 그 음식과 시간은 나중에 한 번에 몰려오는 육아 스트레스를 가래로 막지 않도록 미리 살살 긁어 주는 현명한 호미가 되어 줄 것입니다.

육아 스트레스를 떨치는 방법

- 동네 친구, 지인을 만나며 대화 시간을 갖는다.
- 시간과 체력 소비를 살피고, 나에게 맞는 적정 시간과 횟수를 찾는다.
- 동네 친구가 없다면 적극적으로 친구를 만드는 노력을 하자.
- 처음에는 베푸는 노력이 필요하다.

육아와 체력의 상관관계

소아정신과 전문의인 신의진 교수에 따르면, 어린아이의 경우 부모의 건강한 체력이 중요하고, 사춘기에 접어든 아이의 경우 부모의 건강한 정신이 중요하다고 했습니다. 부모의 육체와 정신이 모두 건강하고 완벽하다면 좋겠지만, 한 번에 두 가지를 챙기기 힘들다면 부모의 건강과 체력을 잘 챙겨야 합니다. 저는 아이를 낳고 체력이 많이 떨어졌다가 육아 휴직 기간에 음식, 운동, 취침, 기본적인 습관을 바꿔 나가면서 제법 회복을 하였습니다. 그래서 육아 휴직이 얼마나 다행스럽고 감사한 일인지 모릅니다. 체력이 약한 상태로 육아를 하는 것이 얼마나 힘든 것인지 경험했기에 체력의 중요성에 대해

강조하지 않을 수 없습니다. 건강한 체력은 좋은 육아에 자양분이 되며 건강한 정신을 키우는 밑천이 됩니다.

떼려야 뗄 수 없는 육아와 체력의 관계

육아와 체력의 상관관계가 얼마나 중요한지는 아무리 강조해도 지나치지 않습니다. 주변의 부모를 살펴보며 얻은 교훈은 이렇습니다. 체력이 좋은 부모는 하루 종일 아이한테 일관된 태도를 보입니다. 아이의 끊임없는 질문에도 눈을 맞추며 세세하게 답변을 해 주고, 아이의 행동 하나하나에 칭찬이 쏟아집니다. 반면 체력이 금세 고갈되는 부모는 몸 상태가 좋을 때는 아이에게 관대했다가도 체력이 훅 떨어지는 순간부터는 신경이 날카로워집니다. 급기야 소리를 지르거나 체벌이 나가고 맙니다.

아무리 육아에 열정과 사랑이 넘쳐도 일단 부모의 체력이 소진되고 나면 아이의 작은 투정에도 큰소리부터 나가고 화가 나기도 합니다. 좋은 육아 책을 읽고 실천하는 것도 중요하지만, 육아에 있어서 1순위는 부모가 좋은 체력을 유지하는 것입니다. 건강한 신체에 건강한 정신이 깃든다는 말이 있듯이 부모의 건강한 신체와 정신은 좋은 육아를 할 수 있는 밑거름이 됩니다.

물론 건강한 신체와 건강한 정신 중에서 한쪽이 부족하다고 해서 좋은 육아를 못 하는 것은 아닙니다. 하지만 아무래도 양쪽을 다 갖춘 부모가 아이에게 더 많은 애정과 열정 그리고 일관성 있는 양육 태도를 보일 수 있습니다. 행여나 부모인 여러분이 이 중의 하나가 부족하다면 육아 휴직 기간을 통해 조금이나마 체력을 보강할 수 있는 계기로 만들기 바랍니다.

저는 출산과 육아로 인해 체력이 심하게 망가졌고, 이제서야 조금씩 회복하고 있습니다. 그 시작은 두 번째 육아 휴직을 통해서였습니다. 육아 휴직을 한다고 드라마틱하게 일과가 한가해지는 것은 아니지만, 스스로를 살펴볼 여유가 생깁니다. 그 기회를 놓치지 말고 조금은 여러분의 체력 증진에 투자하시기 바랍니다. 짧은 시간이라도 하루에 조금씩 시간을 내어 내 몸과 마음이 회복될 수 있도록 해 주시기 바랍니다. 물론 저도 갈 길이 멀지만, 육아 휴직 1년간 제 체력을 보강을 위해 습관을 들이려고 노력한 결과, 복귀한 지금도 그 습관을 잘 유지하고 있습니다.

육아 휴직으로 망가진 체력을 회복하다

저는 31세에 결혼해서 32세에 첫 아이를 낳았습니다. 첫 아이를 낳고도 특별히 아픈 곳은 없었습니다. 엄청나게 잘하는 운동이 있는 것은 아니지만, 어릴 적 아빠를 따라 워낙 등산을 많이 해서 그런지 성인이 되어서도 가끔 가는 산도 곧잘 탔습니다. 건강에 대해서는 어느 정도 자신감이 있었던 제가 무너지기 시작한 것은 바로 둘째 아이를 임신하고 나서였습니다.

37세에 둘째 아이를 낳았는데 임신했을 때 나이가 있다는 이유로 첫째 아이 때는 없던 몇 가지를 검사를 추가로 했습니다. 그리고 노산인 산모에게 걸릴 수 있다는 임신성 당뇨병까지 걸려서 임신한 내내 식이요법으로 지냈습니다. 주변에 당뇨인 사람이 없어서 얼마나 귀찮고 인내심이 필요한 병인지 알지 못했습니다. 식사하고 나면 30분 후 피를 뽑고 혈당을 잽니다. 피도 뽑다 보면 하나도 아프지 않지만, 제 피를 제가 하루에 4번 뽑는 일(기상 시 1번, 식후 1번씩)이 그다지 유쾌하지는 않았습니다.

게다가 혈당 수치가 나오기까지 기다리는 시간은 은근히 부담되는 순간입니다. 떡을 몇 개 먹거나 과일을 조금 많이 먹었다 싶은 날은 초조하고 불안합니다. 모든 제품에서 영양 정보란을 살펴보며 당류가 몇 g 들어 있는지 체크하고 혈당치를 높이는 음식은 일절 입에 대지도 않았습니다. 그렇게 당뇨와의 힘든 투쟁을 마치고 아이를 낳았을 때 저는 이제 당뇨에서 해방되었다는 자유로움에 며칠간은 정말 신이 났습니다. 하지만 한번 임신성 당뇨병에 걸린 사람은 평생 당을 조심하면서 살아야 합니다. 출산 후에 임신성 당뇨병은 사라지지만, 다시 재발할 수도 있습니다.

저는 둘째 아이를 〈프랑스 아이처럼〉이란 책처럼 유아기 때부터

6~7시간 이상 길게 재우고 싶었습니다. 하지만 태어난 둘째 아이는 굉장히 예민했습니다. 자면서 수도 없이 뒤척이고 작은 소리에도 쉽게 잠을 깨는 아이였습니다. 2시간마다 우유를 먹이러 깨는 경험은 첫째 아이 때도 했으니 어느 정도 견딜 수 있었지만, 둘째 아이는 거의 1시간 간격으로 깼습니다. 그리고 100일이 되면 나아지겠지, 1년이 되면 나아지겠지 했던 제 기대는 산산조각이 났습니다. 둘째 아이의 수면 패턴은 4살 때까지 지속되었습니다.

4살 때까지 아이는 단 하루도 내리 6시간 이상을 잔 적이 없습니다. 거의 2시간 간격으로 깨서 칭얼거리거나, 일어나서 물이라도 마시고 자곤 했습니다. 아이가 잠을 푹 잤으면 하는 마음에 저녁 시간에 목욕시키기, 오줌 누이고 재우기, 저녁을 많이 먹이지 않기, 자장가를 틀어 주기 등의 다양한 시도를 했지만 모두 허사였습니다. 4살 가까이 되어서는 밤에 깨는 빈도가 2번으로 줄기는 했지만, 여전히 저는 쪽잠을 자야 했습니다.

4년간에 걸친 수면 부족과 깨진 수면 패턴은 제 몸에 면역력 저하라는 질기고도 무서운 짐을 얹어 놓았습니다. 4년에 걸쳐 30번이 넘는 대상 포진과 1번의 뇌 수막염을 앓았습니다. 주치의 선생님은 이런 환자는 처음 본다며 혀를 내둘렀고, 늘 잠을 잘 자야 한다는 조언을 해 주셨습니다. 병원에서 '면역력 저하'라는 단어를 들었을 때는 단순히 잠을 잘 자고, 영양제 잘 챙겨 먹으면 다시 회복될 수 있을 줄 알았습니다.

하지만 제 뜻대로 자는 일은 절대 쉽지 않았습니다. 대부분 둘째 아이를 재우고 밤에 함께 자는 것은 제 몫이었습니다. 당시 남편과는 주말부부였고, 낮에는 친정엄마가 아이들을 봐주셔서 저녁부터는 제가 아이들을 돌봐야 했기 때문입니다. 물론 남편도 주말 밤에 가끔 아이를 봐주긴 했지만, 어쩌다 하루 이틀을 혼자 자는 것으로는 몸이 나아지지 않았습니다.

운동·음식·취침의 균형을 잡다

둘째 아이가 5살이 되던 해에 두 번째 육아 휴직을 맞았습니다. 저는 이때다 싶어서 육아 휴직의 테마 중 하나를 나의 건강 회복으로 잡았습니다. 그리고 헬스장을 등록하고 요가를 시작했습니다. 또한 처음으로 골프도 배우기 시작했습니다. 매일 제가 좋아하는 운동을 하고, 새로운 것을 배우는 것만으로도 정말 행복한 일이었습니다. 골프는 아이들 기상 시간 전인 오전 6~7시를 활용했고 집에 돌아와 아이들과 함께 아침 먹고 등원·등교시키고 나서 10~11시에 요가 수업을 갔습니다. 체력이 안 좋은 날에는 요가는 생략하고 집에서 책을 보거나 쉬는 걸 택했습니다.

홈 트레이닝을 이용하는 것도 좋은 방법입니다. 큰 비용을 들이지 않고도 시도해 볼 수 있는 다양한 홈 트레이닝 애플리케이션과 동영상이 늘어나고 있습니다. 저도 집에서 강한나 요가, 윤쌤홈트, 다솔맘 홈트레이닝 등을 따라 하며 운동을 했고 지금도 꾸준히 하고 있습니다. 이런 프로그램은 이동 시간 없이 쉽게 집에서 참여할 수 있을 뿐만 아니라 재미도 있고 다양한 커리큘럼으로 되어 있어서 본인의 난이도에 맞춰서 운동할 수 있습니다.

음식도 영양가 있는 집밥을 챙겨 먹으며 건강한 식습관을 유지하려고 노력했습니다. 자연스럽게 집밥을 자주 요리하며 먹다 보니 만들 수 있는 음식도 늘어났습니다. 특히 아이들이 좋아하는 감자 크로켓을 만드는 날이면 푸짐하게 만들어 언니 가족과 동생 가족에게도 나누어 주었습니다.

육아 휴직을 하고 가장 기뻤던 일 중 하나는 둘째가 5세가 되면서 밤에 통으로 잠을 자기 시작한 점입니다. 아이와 함께 6시간을 내리 자본 일은 거의 처음입니다. 매슬로의 욕구 단계 이론 중 1단계인 생리적 욕구가 충족되는 순간이었습니다. 4년이 넘도록 늘 수면 시간이 충족되지 못해서 잠을 푹 잤으면 좋겠다는 생각이 머릿속에서 떠나지 않았는데 드디어 그 힘든 시절의 끝났습니다. 전 날아갈 듯한 기분으로 쾌재를 불렀습니다. 그리고 혹시나 육아 휴직으로 인하여 취침 시간이 불규칙하게 될까 봐 저는 잠자는 시간을 알람으로 설정해 두었습니다. 밤 11시가 되면 알람이 울리는데, 알람 제목은 '잠자리 들기'입니다. 이 알람 덕분에 아이가 자고 있을 때 아이 교구나 책을 찾겠다거나 좀 더 저렴한 물건을 비교 검색한다며 시간 가는 줄 모르고 휴대폰을 보는 제 모습을 버리게 되었습니다. 이 알람은 제가 육아 휴직 기간에 규칙적인 취침 시간을 지키고 또 다음 날 일찍 일어날 수 있게 해 준 일등 공신입니다. 11시 취침하고 5시 30분 기상했습니다. 육아 휴직 기간에 오히려 회사에 다닐 때보다 더 규칙적인 생활을 하게 되었습니다.

바닥을 쳤던 체력은 꾸준한 노력으로 아주 조금씩 회복되었습니다. 대상 포진 횟수도 조금 줄어들었습니다. 운동, 음식, 취침 이 3박자의 균형이 깨지지 않도록 노력하는 것은 육아 휴직 1년 내내 제가 스스로에게 많이 신경 쓴 부분입니다. 그리고 복직한 지금까지도 지키고 있습니다. 지금도 오후 10~11시 사이에 잠들고, 기상은 오전 5시 정도로 비슷하게 유지하고 있습니다.

음식은 집에서는 집밥, 회사에서도 인스턴트나 건강에 좋지 않은 음식은 피하고 있습니다. 복직을 하면서 헬스클럽을 다니는 것은 어려워졌지만, 집에서 간단한 홈 트레이닝을 하거나 출퇴근 시간에 도보로 움직이는 것 이외에도 매일 밤 30분 이상을 걷고 있습니다.

부모의 건강이 곧 아이를 위한 일이다

비행기를 타면 늘 듣는 안전 수칙이 있습니다. 긴급상황이 발생했을 때 부모가 우선 산소마스크를 착용하고 그 후에 아이의 산소마스크 착용을 도와주라는 것입니다. 순서가 바뀌면 아이에게 산소마스크 채워 주다가 부모가 먼저 정신을 잃을 수 있습니다. 그럼 부모와 아이 모두 위험한 상황에 부닥치게 됩니다. 육아에서도 아이의 건강만을 너무 많이 챙기다 보면 정작 부모인 내 건강은 뒷전이 되고 그 부작용은 결국 아이에게 부메랑으로 돌아오게 됩니다.

아이의 영양제는 10만 원어치를 사도 그러려니 하면서 정작 본인 것은 3~4만 원짜리도 살까 말까 고민을 하는 게 부모의 마음입니다. 육아 휴직 기간만큼은 부모인 본인에게도 영양제도 잘 챙겨 주고 내 몸을 좀 더 아끼고 사랑해 주는 시간이 되었으면 합니다. 그리고 저처럼 출산, 육아, 업무로 지치신 분들께 몸과 마음이 조금이나마 건강하고 편해지는 시간이 되길 진심으로 바랍니다. 건강한 부모로 육아 휴직 기간을 보내는 여러분을 응원합니다.

부모와 아이를 위한 육아 휴직 비결

- 건강한 체력을 유지하도록 노력한다.
- 체력이 떨어졌다면 육아 휴직 기간 동안 체력 향상을 주된 목표로 삼자.
- 매일 조금씩 일정량의 운동을 한다.
- 비싼 음식이 아니라 좋은 음식을 먹도록 노력한다.
- 수면 시간에 신경 쓰자.
- 늦게 자지 않도록 자는 시간을 알람으로 맞춰두고 일정 시각에 일어나자.
- 아이의 영양제뿐만 아니라 부모의 영양제도 신경 쓰자.

하루하루가 보물 같은 육아 휴직

육아 휴직을 앞둔 A와 함께 식사를 하러 가는 길이었습니다. 문득 A가 육아 휴직을 할 때 어떤 일이 가장 기억에 남았는지 물어봅니다. 가족과 여행 다녀온 기억도 떠오르고, 동네 산책하거나 놀이터에서 놀고 도서관을 누비고 다녔던 장면들도 떠오릅니다. 하루하루가 보물같이 소중해서 어떤 것을 가장 좋았다고 말하기 어려웠습니다.

희정 너무 많아서 딱 꼬집어 고르기 어려운걸요.

A 저는 이제 2주 뒤면 육아 휴직을 시작하는데, 무엇을 하며 보내야 후회 없이 지낼 수 있을까요?

희정 행복한 고민이네요. 물론 여행을 다녀온 큰 이벤트가 가장 먼저 떠오르지만, 평범한 일상도 좋았던 게 많습니다. 아이와 산책을 다닌 것도 좋고, 문화 센터에 가서 아이와 함께 요리를 배운 것도 좋았어요. 혹시 SNS 하세요?

A 예전에는 블로그는 조금 했는데 요즘에는 잘 안 하고 있어요. 그리고 인스타그램 계정은 있지만, 자주 사용하지는 않아요.

희정 저는 육아 휴직을 하는 동안에는 SNS를 하는 것을 추천해 드려요. 공개 계정이 부담되면 그냥 비공개 계정으로 관리해도 좋은 것 같아요.

A 아이와 함께한 사진을 저장하려고요?

희정 네, 일종의 기록 공간이죠. 많은 분이 사진을 찍고 나중에 정리해야지

하지만, 사진 정리만큼 손이 잘 안 가는 일이 없는 것 같아요. 게다가 사진만 찍으면 그때 생각이나 느낌이 모두 사라져서 짧게라도 멘트를 적는 습관이 중요한 것 같아요.

A　맞아요. 저도 사진을 폴더 별로는 정리해 두고 사진첩을 만들려 했는데, 지금 몇 년째 잔뜩 밀려 있어요.

희정　육아 휴직 기간에 아이와 추억이 될만한 것을 많이 기록해 놓으면 소중한 보물 창고가 되어 있을 거예요. 하루 한 개 업로드를 목표로 할 필요는 없지만, 크게 부담이 없는 선에서 시도해 보세요.

A　네, 한 번 다시 시도해 봐야겠네요.

희정　특히 아이들과 대화하면 재미있는 이야기가 많이 나와요. 그런데 한 번 웃고 넘어가 버리면 나중에 무슨 일로 웃었는지 잘 기억이 안 나지요. 저는 아이랑 대화하면서 있었던 에피소드도 가끔 기록했는데, 나중에 읽어 보면 재미있어요.

A　그 대화문은 매니저님 피드에서 많이 본 것 같아요. 저도 재미있게 읽은 게 많아요.

희정　육아 휴직 후 가사와 육아만 하다 보면 1달을 열심히 지내도 기억에서 사라져 버려요. 그러다가 문득 '한 달 동안 뭐 했나?'라는 생각에 괜히 우울해지기도 해요. 저는 SNS에 아이들의 모습도 남기지만, 요리하거나 집안 정리하면서 찍은 사진도 기록합니다. 누구에게 자랑하기보다는 때로는 지치고 힘들 때 들여다보면 작은 기록이 힘이 되어 준답니다.

A　저는 SNS를 상업적으로 이용하는 사람이 많아서 그동안 부정적으로 바라봤는데, 그런 긍정적인 역할도 있었네요.

희정　어떻게 활용하느냐는 본인의 몫인 것 같아요. SNS를 통해 너무 남들과 비교하면서 좌절하거나 소외감을 느끼지 말고 당당히 나만의 이야기를 엮는다면, 육아 휴직 기간 동안 좋은 이야기보따리가 잔뜩 쌓이게 될 거예요.

A 매니저님께도 친구를 맺을 테니 제 육아 휴직 이야기를 가끔 보러 오세요.

희정 네, 알겠어요. 종종 응원하러 갈게요.

사람은 망각의 동물인지라 좋았던 순간도 힘들었던 순간도 시간이 지나면 자꾸 잊어버립니다. 아이가 까르륵 웃는 모습도, 때로는 아파서 엉엉 울거나 입원한 모습도 사진으로 담아 두세요. 한 줄이라도 부모의 느낌과 아이의 대화를 적어두면 단 하나뿐인 소중한 우리 집 보물 창고가 됩니다.

휴직을 하면 계속 쉬고 싶은 달콤한 마음이 듭니다. 하지만 그런 달콤한 시간을 뒤로하고 복직을 준비하고 있는 내 자신에게 칭찬 박수를 주세요. 다시 육아와 집안일 그리고 회사일을 잘 할 수 있을까 걱정되지만, 여러분은 복직해서도 부모와 직장인 역할을 동시에 제법 잘 해낼 수 있습니다.

Part 4

육아 휴직 후,
행복한 복직

복직을 앞둔 부모를 위한 준비 사항

사실 육아 휴직을 준비할 때보다, 회사로 복직할 때 조금 더 신경을 써야 하는 일이 많아집니다. 아이와 떨어지는 연습도 해야 하고, 복직 후 아이를 돌봐 줄 기관이나 양육자도 찾아야 하기 때문입니다. 여유 있게는 2달 전, 늦어도 2주 전에는 복직 준비에 들어가야 합니다. 이 시기에 부모의 몸과 마음이 여유가 없어서 아이에게 불안감을 느끼게 할 수 있습니다. 따라서 아이에게도 변화될 상황에 대해 미리 설명해 주고 부모가 의도적으로 느긋한 마음을 먹어서 아이에게 불안과 걱정이 전달되지 않도록 하는 것이 중요합니다. 아이가 유아인 상태라도 꼭 직접 이야기하면 좋습니다.

무엇보다 부모가 복직을 하게 되어서 아이와 떨어지는 시간이 갑자기 많아지므로 아이에게 분리 불안이 생길 수 있으니 신경 써야 합니다. 그리고 복직자와 아이만 노력한다고 되는 것이 아니라 배우자 역시 도움을 주어야 합니다. 이런 준비가 어느 정도 되었다면 그 이후에는 회사에 다니면서도 집안일이 수월하게 할 수 있는 몇 가지 시스템도 마련해 놓으면 좋습니다.

아이에게 회사 구경 시켜 주기

아이가 영아가 아니라면 복직 전에 한 번은 회사에 함께 방문하는 것을 권해 드립니다. 육아 휴직 후 곧 부모와 떨어지는 것에 대해서 불안감을 느끼는 아이들에게 상당히 도움이 됩니다. 저는 첫째 아이와 둘째 아이가 각각 5살 때 한 번씩 회사를 구경 시켜 주었습니다. 평일 근무 시간에 아이를 데려오면 직원분들에게 방해될 수 있으니 주말에 잠시 틈을 내어 다녀왔습니다.

아이는 신기한 눈으로 회사를 구경합니다. 저도 어릴 적에 아빠 회사를 몇 번 놀러 간 적이 있었는데, 그때의 신기하고 재미있는 느낌을 저희 아이도 가졌나 봅니다. 아이는 빙글빙글 회전의자를 돌리며 놀기도 하고, 각 회의실이나 휴게실 등을 구경하면서 무엇을 하는 공간인지 물어보기도 합니다. 시간이 된다면 식당도 구경 시켜 주고, 부모가 어떻게 회사에 출근하는지도 자세히 설명해 주는 것이 좋습니다. 저는 둘째 아이와 함께 지하철로 이동해서 회사에 오는 방법을 보여 주기도 하였습니다.

이런 경험이 바로 당장 아이의 불안감을 해소해 주는 것은 아닐 수 있습니다. 하지만 아이는 그 경험을 통해 회사라는 공간을 기억합니다. 부모가 어디서 무엇을 하는지도 모르고 막연하게 떠올리는 것과 구체적으로 회사를 떠올리는 것은 천지 차이입니다. 회사를 구경 시켜 준 이후로 아이가 회사에 가지 말라고 떼쓰는 빈도수가 점차 줄어들게 된 것은 함께 회사를 다녀온 덕분이 아닐까 생각해 봅니다.

회사 구경을 마쳤으면 근처 식당에서 맛있는 식사와 디저트를 사 주며 회사에 대한 긍정적인 이미지를 심어 줍니다. 일종의 작은 소풍날인 셈이지요. 이날만큼은 아이가 잘못을 하고 장난이 심해도 야단치거나 화내서 그날 분위기를 망치지 마시기 바랍니다. 이후 아이가 엄마나 아빠 회사에 또 놀러 가고 싶다고 말한다면 일단은 긍정적인 이미지 심기는 성공한 것입니다.

부모님이 자녀를 맡아 주신다면

육아 휴직을 마치고 복직하기 전에 가장 고민되는 것은 바로 대리 양육자를 구하는 일입니다. 가장 좋은 방법은 양가 부모님이 맡아 주시는 것입니다. 아이를 부모님 댁에 맡기거나 부모님께서 우리 집으로 오시는 경우 그리고 합가하는 방법도 있습니다. 물론 내가 원하는 양육 방식과 부모님의 방식 간에 차이가 있어서 충돌이 있을 수도 있습니다.

하지만 부모님께서 아이를 봐주신다고 하신 경우에는 이런 충돌의 불편함은 꿀꺽 삼키고 감사함을 표현해야 합니다. 출산 휴가나 육아 휴직을 다녀와서 복직했다가 가장 많이 퇴사하는 분을 보면 바로 대리 양육자로 겪는 스트레스 때문입니다. 소위 말하는 이모님이 아이를 봐주는 경우에 신뢰가 가는 분을 찾기 어렵습니다. 몇 달 만에 이모님이 그만두시기도 하고, 혹시나 문제가 생기지 않을까 하는 불안한 마음을 쉽게 내려놓을 수가 없습니다. 제 주변에서도 이모님 문제로 회사를 그만두는 분들을 종종 보았습니다.

따라서 부모님이 자녀를 맡아 주는 것은 맞벌이 부부에게는 큰 축복입니다. 부모님의 육아 방식이 나와 맞지 않는 것은 이모님의 신뢰 문제와 비교하면 새 발의 피입니다. 양육 방식이 조금 다를 뿐이지 금쪽같은 손주에게 당연히 좋은 것을 주시고 더 잘 봐주시려고 하기 때문입니다.

따라서 부모님께서 자녀를 봐주시는 경우, 내 마음에 들지 않는 일을 일거수일투족 다 바꿔 달라고 요청할 수는 없습니다. 오히려 퇴근하고 돌아왔는데 아이가 목욕도 안 하고 촌스러운 옷을 입은 채 막대사탕을 빨고 있어도 잠시 마음을 가다듬고 고생하셨다고 감사함을 전해야 합니다. 만약 부모님이 아이를 맡아 주실 때 반드시 지켜 주셨으면 하는 부분이 있다면, 3~5가지만 종이에 적어서 정중하게 전달해 드리는 것이 좋습니다.

또한 부모님이라고 해서 감사의 마음만 전해서는 안 됩니다. 반드시 그 감사의 마음을 돈으로도 보답해야 합니다. 손주를 봐주신 수고를 돈으로 받는다는 게 불편하시다고 말씀하시면 용돈이나 생활비 개념으로 드려도 좋습니다. 얼마를 드리는 것이 적정한지는 집안의 사정에 따라 다르겠습니다. 하지만 눈에 넣어 안 아픈 손주라고 할지라도 아이를 보는 것이 절대 쉬운 일이 아닙니다. 더욱이 젊은 사람도 아닌 나이 드신 부모님이 봐주시려면 그만큼 더 힘든 일임을 감안하여 섭섭하지 않게 챙겨 드려야 합니다.

대리 양육자 구하기

부모님이 자녀를 맡아 주시기 어려운 상황에서 차선책으로 택하게 되는 것이 소위 말하는 이모님(베이비 시터)을 구하는 것입니다. 보통은 부모님과의 관계가 불편하거나 부모님이 멀리 있는 경우 혹은 부모의 육아와 교육에 대한 가치관이 확고한 경우에도 이모님을 구하는 경우가 많습니다. 더욱이 요즘에는 손주를 봐주지 않겠다고 처음부터 선언하시는 부모님들이 계시기 때문에 당연히 의사에 따라야 합니다.

이모님을 구하는 방법은 인터넷에 인력 소개소를 치면 다양한 사이트가 나옵니다. 흔히 이모넷, 시터넷 등이나 요즘에는 애플리케이션으로도 많이 제공되고 있습니다. 애플리케이션에서 베이비 시터로 검색하시면 다양한 형태의 베이비 시터를 찾아볼 수 있습니다. 무엇보다 이런 구직 사이트와 애플리케이션을 활용하면 솔직한 후기를 확인할 수 있는 장점이 있습니다.

지인에게 이모님을 추천을 받는 경우도 있습니다. 얼마 전까지 지인의 아이를 돌봐 주셨는데, 갑자기 이사를 하게 되거나 혹은 아이가 어느 정도 커서 더 이상 이모님이 오지 않아도 되는 경우에 소개를 받기도 합니다. 실제로 이모님에 대해서 잘 아시는 지인이 소개해 주시기에 조금 더 믿음이 가게 되는 건 사실입니다. 무엇보다도 이모님의 장단점을 알고 아이를 맡길 수 있기에 불안을 조금은 줄일 수 있습니다. 하지만 그 집에서 평가가 좋았던 이모님이 반드시 내 가정에도 딱 맞으란 법은 없기에 우리 집의 상황과 여건에 대해 잘 비교하여 판단해야 할 것입니다.

추가로 동네에 공고를 내는 경우도 있습니다. 같은 아파트 단지나 지역 게시판에 공지하여 이모님을 구할 수 있습니다. 이런 경우에는 일단 지리적으로 가까워서 아이를 맡아 주시는 분과 맡기는 부모 모두 편리하다는 장점이 있습니다. 그리고 전업으로 베이비 시터 일을 하시던 분이 아니고 그동안 주부로 지내시다가 자녀가 많이 자라서 공지를 보고 아기를 봐주시는 분이 있기도 합니다. 이런 분들의 장점은 같은 동네 선배로서 자녀의 교육과 다양한 정보도 함께 전해 들을 수 있다는 점입니다.

우리 집의 조건에 맞는 이모님을 찾으실 때에는 공통으로 주의할 점이 있습니다. 사전에 근무 시간, 업무 범위 등에 대해서 합의가 되어야 합니다. 또한 야근이나 회식 등이 잦아 퇴근 시간의 변동이 심한 가정의 경우, 이런 부분을 어떻게 대처할지도 사전에 논의해야 합니다. 요즘에는 CCTV를 설치하는 경우도 많아서 이모님의 면접을 볼 때 동의를 구할 필요가 있습니다.

아이를 사랑스럽게 돌봐 주시고 요리도 맛있게 하면서 정리 정돈과 청소도 말끔하게 해 주는 분을 찾기란 여간 쉬운 일이 아닙니다. 정작 부모인 나조차도 그렇지 못한 경우가 많습니다. 그래서 이모님을 구할 때는 내가 가장 중점을 두는 부분이 무엇인지, 우리 가정에 가장 필요한 이모님의 조건은 무엇인지 고민해 봐야 합니다. 만약 아이가 온종일 집에 있는 경우라면, 아이와 잘 놀아 주며 친근하게 돌봐 주시는 분이 가장 필요할 것입니다. 반대로 아이가 일정 시간을 어린이집이나 유치원에 있는 경우라면 가사나 요리 등에 조금 더 신경을 써 주실 수 있는 분을 구하는 것이 좋습니다.

또한, 한 명의 이모님을 만나 보고 마음에 들어서 덜컥 계약을 하기보다는 충분히 여러 사람을 만나보고 결정하시길 추천해 드립니다. 면접을 여러 사람 보면 느낌이 다 다르고 장단점이 보이게 될 것입니다. 이모님이 올 때는 간단한 이력서와 건강 검진 기록도 함께 확인해 보시길 바랍니다. 다음은 면접 때 확인해 둘 내용을 몇 가지 정리하였습니다.

- □ 집에 들어오자마자 아이와 밝게 인사를 나누는지.
- □ 집에 오자마자 손을 바로 씻는지(청결과 관련).
- □ 원하는 조건이 너무 많지는 않은지(편히 일하시려는 분일 수 있음).
- □ 화장이나 네일아트가 심하게 화려하지는 않은지.
- □ 우리 아이와 비슷한 또래를 돌봐 주신 적이 있는지.
- □ 전에 일하신 곳에서 얼마나 계셨는지.

이모님과는 사전에 내가 중요시하는 양육 방식과 가사에서 주의했으면 하는 부분을 글로 정리해서 서로 합의하는 단계를 거쳐야 합니다. 가능하다면 이모님이 면접을 오셨을 때 미리 이야기를 나누어도 좋습니다. 이런 부분은 부모님에게 아이를 맡기는 경우보다 더 구체적이고 많이 기술해도 좋습니다. 우리 가정과 맞는 좋은 분을 찾도록 지속적인 노력해 보시기 바랍니다.

우리 집의 조건과 적합한 이모님을 찾은 후, 복직 2주 전에는 부모와 아이 그리고 이모님과 함께 지내는 시간을 가져야 합니다. 아이가 어린 경우는 반드시 이 과정이 필요하고 유치원생이나 초등학생이라고 하더라도 가급적 이 과정을 거치는 것이 중요합니다. 이제 이모님에게 육아와 가사를 인수인계하는 것입니다. 그리고 복직 2~3일 전에는 부모가 1시간 자리를 비우고, 그다음에는 2시간, 3시간 이렇게 시간을 늘리며 자연스럽게 이모님과 아이가 단둘이 있는 시간을 늘려야 합니다. 만약 갑작스럽게 복직이 잡혔거나 이모님을 찾는 시간이 미뤄져 시간적 여유가 없다면 배우자나 부모님의 도움을 받아 적응 기간을 함께 보내 줄 분을 찾으시기 바랍니다.

한 가지 더 말씀드리자면, 아무리 좋은 이모님을 찾고 몇 년간 같이 지내게 되더라도 그분이 부모의 역할을 대신해 줄 수는 없습니다. 아이가 하루 종일 이모님과 시간을 보내더라도 부모가 집에 오면 쪼르륵 부모 품에 달려가는 것을 보면 알 수 있습니다. 특히 아이가 커 갈수록 더욱 부모와의 정서적인 유대 관계가 중요합니다. 따라서 떨어져 있는 시간에는 믿고 맡기되 퇴근 후에는 최대한 아이와 함께 보내는 시간을 갖도록 노력해야 하는 것을 잊지 마시기 바랍니다.

빠르고 간편한 식사 시스템 마련하기

육아 휴직 기간 동안 집밥을 열심히 차려 먹었다면 복직을 앞두고 조금은 간편식을 먹는 것도 고려해야 합니다. 복직을 하게 되면 여러 가지 신경 쓸 일이 늘어나는데, 식사 문제를 가지고 스트레스를 받으면 안 될 것입니다. 그래서 복직 전에 이런 간편식이 어느 정도 도움이 됩니다.

아직 아이에게 이유식을 먹이는 가정이 있다면 복직을 하면서 아이의 이유식까지 모두 챙기기에 버거울 수 있습니다. 이 경우에는 배달 이유식을 전환하거나 배달 이유식과 집에서 만든 이유식을 번갈아 가며 활용하면 복직 후 초반에 받는 스트레스와 체력 소모를 줄일 수 있습니다.

저도 첫째 아이 때 처음으로 배달형 이유식을 알게 되어서 신기한 마음에 몇 달간 먹여 보았는데 정말 편리했습니다. 특히 자주 손이 가지 않는 식재료로 주문하면 다양한 식사를 아이에게 제공해 줄 수 있어서 좋았습니다. 제가 집에서 만드는 이유식에는 매번 소고기, 당근, 감자, 버섯 위주로 넣었는데, 배달 이유식은 비트, 콩류, 배추 등 자주 사용하지 않는 재료로 된 이유식이 많이 있어서 일부러 이런 것을 골라 먹였습니다.

또한 집에서도 어른이 먹을 수 있는 간편식을 일정량 구비해 놓으면 피곤한 저녁이나 바쁜 아침 식사를 대신 할 수 있습니다. 간편 조리식이라고 해서 영양분이 떨어지거나 값이 비싼 것은 아닙니다. 최근 다양한 형태의 간편식이나 밀키트가 쏟아지고 있고 저렴하면서도 영양가가 있는 가성비 높은 제품도 많이 나오고 있습니다. 저는 나물 볶음밥이나 훈제 닭가슴살 등을 자주 구비해 두는데, 10분 만에 손쉽게 한식 밥상이나 치킨 샐러드를 만들 수 있습니다. 또한 어린아이가 있는 가정에서는 자연스럽게 맵지 않은 반찬이 주를 이루게 됩니다. 따라서 어른용으로는 매운 닭갈비나 육개장 같은 간편식 등을 구비해 두면 유용하게 활용하실 수 있을 것입니다.

자동 이체와 구독 서비스 활용하기

육아 휴직 후 복직을 하면 자연스럽게 신경 써야 할 일의 가짓수가 늘어납니다. 따라서 조금이라도 신경 쓸 일과 자잘하게 반복되는 일을 줄이는 것이 좋습니다. 대표적인 것이 자동 이체입니다. 우리 가정에서 매달 내는 관리비, 통신료, 학원비, 우윳값, 정기 적금 등에서 혹시 자동 이체가 빠진 것은 없는지 확인해 봅니다. 크게 중요성을 못 느낄 수 있지만, 이런 일이 쌓이면 나중에 시간 관리가 효율적이지 못하게 되고 머릿속도 복잡해집니다. 따라서 복직 전에는 자동 이체할 항목이 무엇인지 확인해 보고 미리 1년 이상 자동 이체 등록을 해 두는 곳이 좋습니다. 자동 이체가 끝나는 날에 알람을 설정하는 것도 잊지 마시기 바랍니다.

요즘 워낙 구독 서비스(자동 배송 서비스)가 잘 되어 있어서 양말이나 꽃 배달은 물론 심지어 그림까지도 정기적인 구독 서비스로 받아 볼 수 있습니다. 아이가 있는 집에서 가장 많이 사용하는 구독 서비스는 우유, 기저귀, 물티슈 등입니다. 이외에도 우리 집에서 일정하게 자주 소비하는 물품(쌀, 생수, 커피 등)이 있다면 구독 서비스를 활용해 보시길 권해 드립니다. 이런 자동 이체나 구독 서비스는 반복적인 가사 일을 줄여 주는 비서 같은 존재입니다. 처음이 번거롭더라도 한 번만 준비해 놓으면 하루에 5~10분씩 신경 쓰고 챙겨야 하는 수고를 조금이나마 덜 수 있습니다.

복직 전에 준비해야 하는 사항

- 휴일에 시간을 내서 아이에게 회사를 구경 시켜 준다.
- 부모님이 자녀를 맡아 주신다면 감사한 마음을 표현한다.
- 우리 집과 잘 맞는 대리 양육자를 구한다.
- 빠르고 간편한 식사 시스템 마련해 놓는다.
- 자동 이체나 구독 서비스 준비해 놓는다.

육아 휴직 후 현명한 귀환

저는 복직 시점이 다가올수록 이런저런 생각에 심경이 복잡했습니다. 아이들과 애틋하게 보냈던 시간이 이제 마무리된다는 아쉬움, 다시 회사로 돌아갔을 때의 걱정과 기대, 아이들이 나 없이 학교와 유치원에서 많은 시간을 잘 지낼 수 있을지 싶었습니다. 저와 같은 마음으로 복직 날짜를 바라보고 있을 분들을 위하여 제가 느낀 복직 노하우를 몇 가지 적어 보고자 합니다.

복직 전에는 회사와 연락을 취하여 분위기를 파악하거나 복직 의사를 미리 밝혀두는 것도 좋습니다. 귀찮더라도 나중에 배로 도움이 된다고 생각하면, 팀장님에게 전화를 하거나 잠시 인사드리고 오는 수

고스러움은 기쁜 마음으로 하는 게 좋습니다. 인간관계를 매끄럽게 해 주는 기름칠로 보시면 됩니다. 그리고 여건이 허락된다면 휴직 일정을 살짝 남겨 두는 것도 추천해 드리고 싶습니다.

휴직 기간 다 쓸까? 남겨 둘까?

직업과 회사에 따라 차이는 있겠지만, 일반적인 직장인의 경우에 육아 휴직 기간으로 최대 1년을 쓸 수 있습니다. 육아 휴직 서류를 적을 때 이미 복직 예정 날짜를 정했지만, 회사와 협의하여 복귀 일정은 조정할 수 있습니다. 일반적으로는 휴직 기간을 남김없이 꽉 차게 사용하는 것이 좋습니다. 아이를 가진 부모에게 주어진 권리인 만큼 그 기간을 충분히 활용하여 자녀를 위해 때로는 부모 자신을 위해 활용하는 것이 좋습니다.

하지만 경우에 따라서는 조금 남겨 두는 것도 좋은 대비책이 될 수 있습니다. 대표적인 예로 육아 휴직 잔여기간을 2주에서 2달 정도를 남겨 두면 나중에 아이가 초등학교에 입학하는 시기에 유용하게 활용할 수 있습니다. 초등학교에 입학 시기는 많은 직장 부모님들이 아이의 적응을 염려를 하는 때입니다. 맞벌이 부부의 경우 아이가 등하교를 잘하는지 노심초사하게 되는 경우가 많습니다. 짧게는 2주에서 길게는 2달 정도 아이와 함께 등하교, 숙제, 학교생활 준비 등을 도와

주면 아이도 빠르고 안정적으로 학교에 적응할 수 있습니다.

물론 육아 휴직 기간을 모두 사용할지, 남겨둘지는 회사와 팀의 분위기, 업무 공백, 인수인계 등과 밀접하게 연관되어 있습니다. 회사와 팀의 분위기가 보수적이고 업무 공백을 메워 줄 팀원이 없거나 인수인계를 두 차례 하기 어려운 경우에는 당연히 한 번에 다 쓰는 게 좋습니다. 반대로 분위기가 개방적이고 업무 공백을 메워 줄 팀원이 있거나 인수인계를 쉽게 할 수 있는 경우에는 복직 기간을 쪼개서 사용하는 것도 고려해 보시기 바랍니다.

저는 첫째 아이 때는 1년을 꽉 채워서 다 사용했습니다. 그때는 휴직 시작 시점이나 복직 시기를 깊이 생각하지 않고 주요 프로젝트를 끝내자마자 4월 중순에 덜컥 육아 휴직을 내버렸습니다. 지나고 보니 왜 조금 더 전략적으로 생각을 못 했을까 후회가 되기도 했습니다. 명색이 경영전략팀에 근무하고 있었는데, 업무 전략은 엄청 많이 짜 놓고 제 휴직 전략은 전무했습니다.

둘째 아이의 육아 휴직 때는 조금 요령이 생겨서 1월 3일에 휴직을 시작하여 그다음 해 1월 2일에 복직하는 일정으로 계획을 잡았습니다. 이렇게 휴직 일정을 잡아야 2년 치 고과를 허비하지 않을 수 있기 때문입니다. 참고로 저희 회사는 1~12월 기준으로 인사 평가를 합니다. 그런데 두 번째 휴직 기간 동안 팀장님도 바뀌고 1월에 큰 전시회가 생겨서 준비 기간을 확보하고자 12월 중순에 2주를 앞당겨 복귀하였습니다. 1월에 복직해서 전시회 준비를 하면 어차피 제가 맡게 될 업무 일정에 쫓겨 일해야 하는데, 조금이라도 시간적 여유를 만들어 두고 싶었습니다. 처음에는 남겨 둔 2주가 무척 아깝게 여겨졌지만 둘째 아이가 입학할 때 짧은 휴가처럼 사용해야겠다고 마음을 먹으니 오히려 잘했단 생각이 듭니다.

휴직 중에 회사와 연락을 해야 할까요?

휴직 중에 회사와 연락을 굳이 하고 싶은 분들은 없을 것입니다. 인수인계도 잘하고 왔다면 회사에서 연락이 오는 일도 없을 겁니다. 하지만 육아 휴직 중에도 팀원과 최소한의 연락을 해 두는 것이 좋다는 점을 몇 가지 사례를 들어 말씀드리고자 합니다.

첫 번째 연락은 육아 휴직 시작 후 2~4일이 지났을 무렵, 인수인계자에게 하는 것입니다. 업무에 대해 궁금한 점이 없는지, 추가 도움이 필요한 점이 없는지 문자나 카톡으로 물어봅니다. 예의상 보낸 것으로 생각할 수도 있지만, 간혹 진짜 궁금하거나 도움이 필요한 부분이 있는데 휴직자에게 연락하기 힘들어 끙끙거리고 있을 수도 있습니다. 육아 휴직 중에 다시 회사 이야기를 하고 싶지는 않겠지만, 이 부분이 중요한 이유가 있습니다. 바로 인수인계자가 내 업무를 받아서 수행하는데, 큰 어려움과 불만이 없어야 팀 내에서도 육아 휴직에 대한 부정적인 분위기를 막을 수 있습니다. 만약 인수인계자가 과중해진 업무로 혹은 갑작스럽게 받게 된 업무로 인해 힘들어 하며 부정적인 이야기를 회사 내에서 퍼트리고 다닌다면 어떨까요? 복직한 후의 나 자신뿐 아니라 앞으로 육아 휴직을 쓰려는 다음 차례의 누군가에게도 피해를 입히게 됩니다. 출산 휴가와 육아 휴직은 당연한 권리지만, 그래도 이를 가능하게 승인해 준 승인자(팀장, 임원)와 인수인계자에게는 진심으로 감사하다는 마음을 전하는 것이 필요합니다.

두 번째 연락은 육아 휴직 중반쯤 이르렀을 때, 친한 팀원이나 혹은 팀장님에게 연락해 보는 것입니다. 회사에 별일이 없는지 동향도 여쭤보고, 팀에 변화나 이슈 등에 대해서도 대략 파악해 둘 필요가 있습니다. 분위기가 괜찮다면 장난스럽게 제 자리가 안 빠졌는지 확인해 보려고 연락드렸다고 농담을 던지며 이야기를 시작해도 좋습니다. 저는 두 번째 육아 휴직 기간에 회사가 이전도 하고 팀장님도 바뀌는 등의 변화가 많이 있어서 중간에 이런저런 이야기를 동료들을 통해 들었습니다. 육아 휴직 기간 동안 완전히 회사와 단절을 하고 있다가 1년 뒤에 연락을 하게 되면 저도 몰랐던 변화에 당혹스러운 일이 생길 수 있었을 것입니다.

그리고 팀장님과 연락을 한다면, 복귀 전에 한 번 찾아뵙겠다는 멘트를 꼭 남겨 두시는 것이 좋습니다. 아직도 일부 팀장님들은 '과연 육아 휴직 후 돌아올까?'라고 염려하는 분들이 더러 있습니다. 실제로 육아 휴직 후 그만두는 분들이 주위에 있기 때문입니다. 그래서 이렇게 복귀 전에 찾아뵙는다는 인사를 통해서 업무에 좀 더 책임감 있는 모습을 보여줄 수 있습니다.

세 번째 연락은 복귀 1~2주 전에 하는 것입니다. 이때는 상황이 가능하다면 직접 찾아가 보는 것도 추천해 드립니다. 점심시간을 활용해 같이 식사를 하거나 차를 마시는 시간 정도면 좋습니다. 이때는 구체적으로 복귀 후 맡게 될 업무에 대한 이야기에 대해서 나누는 것이 좋습니다. 세부적인 이야기를 하지 않더라도 주요 이슈에 대한 대화를 한다면 서로에게 큰 도움이 됩니다. 1년을 쉬고 오면 1~2주 정도는 업무에 적응하는 시간이 걸리는데, 사전에 복귀 후 맡게 될 일에 대한 이야기를 하면 적응을 빨리할 수 있습니다.

복직 후, 적응은 빠르게

이제 다시 복직을 앞둔 여러분의 마음은 어떤가요? 회사에 출근하여 다시 일을 할 생각을 하니 다시 신입 사원처럼 설레는 마음도 듭니다. 휴직 중일 때는 힘들어서 빨리 회사로 돌아가고 싶다고 여러 차례 생각했을지 모릅니다. 한편으로는 아이와 오랜 시간을 함께 지내는 시간이 다시 올까 싶은 마음에 벌써 그리워지기도 합니다. 과연 난 어떤 모습으로 복직하면 좋을까요?

복직하는 자의 멋진 모습은 바로 빠르게 적응하는 것입니다. 사람에 따라 차이는 있겠지만, 빠른 사람은 2~3일 만에 느린 사람은 2~3

주에 걸쳐서 적응하게 됩니다. 회사에서 상사나 주변 팀원들이 복직자를 바라보는 시선이 있다면 그것은 업무에 대한 관심일 것입니다. 육아 휴직을 마치고 누구나 본인의 자리로 돌아가 적응을 하게 되니 너무 조급해 할 필요는 없습니다. 하지만 조금이라도 실수를 줄이고 하루라도 빠르게 적응을 하는 모습을 보여 주기 위해서는 자신감이 중요합니다.

출근 전에 거울을 보면서 스스로에게 나는 쉽게 적응한다고 말해 보시기 바랍니다. 왜냐하면, 회사에 가면 실제로 '오랜만에 나와서 일하려니 낯설고 어색하지?' 혹은 '업무는 좀 적응되셨어요?'라는 질문을 받기 때문입니다. 이런 질문을 받으면 일정량의 거짓을 섞어도 좋으니 '제가 적응이 빨라서 벌써 회사가 편해졌어요.'라고 답변해 보시기 바랍니다. 그 말이 진심이든 거짓이든 상관없이 마법 같은 효과를 발휘할 것입니다.

이제 스스로에게 난 적응이 빠른 사람이라고 최면을 걸고 자리에 앉았다면 실제로 빠른 적응을 위한 노력이 필요합니다. 바로 내 업무를 인수인계해 줬던 담당자와 차를 한잔하거나 회의를 하는 시간을 통해서 업무 현황을 정리하는 것입니다. 일의 진행 상황은 어떠한지, 업무별로 이슈 사항은 무엇인지, 지금 시급하게 처리할 일과 팀에서 중요하게 다루고 있는 일은 무엇인지 파악해야 합니다. 가급적 복직 첫날 충분한 커뮤니케이션이 이루어져야 합니다.

업무와 육아 구분은 확실하게

회사에 빠르게 적응하기 위해서는 회사와 가정을 분리해서 일하는 것이 중요합니다. 1년간 육아와 살림 속에서 지내다 왔습니다. 그러니 당연히 내 머릿속도 내 몸과 언어도 아이와 집안 이야기로 가득 차 있습니다. 복직 후에 직장 동료와 이야기할 때, 수시로 육아 휴직에 대한 이야기가 튀어나옵니다. 복직 첫날 주변에서 물어보시는 많은 질문 중의 하나는 '앞으로는 아이가 어떻게 지내나요?'라는 말입니다. 이런 질문에 간단하게 대답하는 것은 상관없습니다. 주변 사람들도 궁금하기도 하고 공감 가는 화제를 꺼내어 대화를 시작하고자 하는 노력입니다. 그리고 비슷한 또래를 둔 동료와의 자녀 이야기나 서로의 고민거리를 나누는 정도는 좋습니다. 하지만 그렇지 않은 상황이라면 굳이 자녀와 가정의 이야기는 회사에서 많이 나누지 않는 것이 좋습니다. 육아 휴직을 다녀온 사람이라는 인상을 지속적으로 남기기 때문입니다.

반대로 회사 일에 집중하고 가정으로 돌아갔을 때는 업무에 대한 생각은 싹 지우고 자녀에게 집중하는 것이 좋습니다. 회사에서는 자꾸 아이가 잘 지내는지 걱정이 되고 집에 돌아가서는 회사 업무가 생각난다면 내가 양쪽 다 집중을 못 한다고 판단하시고 좀 더 집중하려는 노력을 해야 합니다.

업무에서 집중도를 높이는 쉬운 방법은 체크 리스트를 작성하고 일과를 시작하는 것입니다. 오늘 할 일을 4가지를 적었다면 대략의 소요 시간을 함께 작성하여 내가 마치고자 하는 시간대에 업무를 하나씩 끝내도록 시간을 정하는 것입니다. 스스로 정한 계획이지만, 업무 몰입을 높이는 효과가 있습니다. 그리고 퇴근을 하고 가정으로 돌아오면 아이와 온전히 있는 시간을 만드는 것이 중요합니다. 단, 이 시간에는 휴대폰도 멀리 두고 있는 것이 좋습니다. 안 그러면 아이와 놀면서 자꾸 휴대폰을 만지작거리게 됩니다.

여유 있는 아침 만드는 비법

허둥지둥 정신없는 아침을 보내는 워킹 맘과 워킹 대디에게 복직 후 마지막으로 제안하는 것은 나만의 모닝 루틴을 만드는 것입니다. 평상시에 내가 일어나는 시간보다 1시간에서 1시간 30분 정도 먼저 일어나 보시기 바랍니다. 그리고 그 시간에 내가 계획한 일이나 하고 싶은 일을 하면서 보내는 것입니다. 첫 일주일은 정말 일어나는 것조차 힘들고 정신이 없어서 과연 이런 시간을 보내는 게 맞나 싶을 수 있습니다. 하지만 한 달 정도의 시간이 지나면, 여러분에게 그토록 소중한 아침잠을 빼앗고 아침에 1시간을 왜 확보하라고 했는지 조금씩 느끼실 수 있습니다

밤에는 내 가용 시간이 새벽까지 있다고 느껴서 오히려 자꾸 여유

를 부리며 늦게 자게 됩니다. 반면에 새벽 시간은 곧 출근을 해야 하니 딴짓을 못 하고, 계획한 일에만 집중을 하게 됩니다. 아침 시간을 활용해서 정해진 일을 하다 보면 한 시간이라도 정말 온전히 그 일에 집중할 수 있습니다.

저는 주로 운동(스트레칭 및 요가, 30분), 명상(영상 예배 후 기도, 20분), 확언(연간 계획이나 그날 목표를 위한 다짐의 글을 쓰고 읽기, 10분) 순으로 모닝 루틴을 정했습니다. 1시간 30분이 주어지는 경우는 앞에 활동에 추가로 글쓰기(30분) 정도를 더 활용할 수 있습니다. 실제로 이 책도 절반가량은 육아 휴직 기간에 작성하고, 나머지 절반 분량은 복직 후 아침 글쓰기 시간을 통해서 작성된 글입니다. 짧은 시간이지만 이 시간이 쌓여서 책 한 권이 나오게 되었습니다. 모닝 루틴 중 30분의 글쓰기 시간은 저에게 눈에 보이는 성과물을 안겨 준 제법 소중한 시간입니다.

처음에는 이것저것을 시도해 보시고 본인에게 도움이 되는 것으로 모닝 루틴을 만드시면 됩니다. 우선 시도해 보실 것은 운동입니다. 육아에 있어 제일 중요한 것은 체력인데, 아시다시피 복직을 하면 정작 운동할 시간이 거의 없습니다. 10분이 됐든 1시간이 됐든 나를 위해 운동하면서 부족한 체력을 보충해야 합니다. 그다음으로는 명상과 확언을 추천해 드립니다. 바쁜 일상을 사는 워킹 맘과 워킹 대디에게 고요한 시간은 정말 별로 없습니다. 종교를 가지고 계신 분은 저처럼 관련 영상이나 책을 통해 명상 시간을 보내셔도 좋고, 명상 앱을 검색하시면 다양한 프로그램을 사용하실 수도 있습니다.

확언이란 것도 어떻게 적용할지 난감해 하는 분들이 많을 것입니다. 간단히 설명해 드리자면 '오늘 하루는 아이들에게 사랑스러운 말투를 쓰자.' 혹은 '회사에서 부정적인 언행은 하지 말기.' 등과 같은 오늘 꼭 지키고 싶은 것을 글로 적고 소리 내어 읽는 것입니다. 또는 연간 목표로 정한 항목이 있으면 그 내용을 글로 써 보거나 소리 내어 읽는 것도 좋습니다. 막연한 표현보다는 구체적인 횟수나 시간을 정해 놓으면 조금 더 실천 가능성이 커집니다.

모닝 루틴을 하면서 가장 좋은 점은 하루 중에 비록 짧은 시간일지라도 나를 위해 투자한 시간이 있다는 점입니다. 회사에서 일하는 시간이나 퇴근 후 육아와 가사를 하면서 보내는 시간은 왠지 타인을 위한 시간으로 느껴집니다. 아무리 사랑하는 가족을 위해 밥상을 차리고 청소를 해도 나를 위한 것이라고는 생각이 잘 들지 않습니다. 하지만 모닝 루틴 시간은 오로지 자신을 위해 쓰는 시간입니다. 그러니 아침에 일어날 때 '조금 더 잘까?'라는 고민하다가도 벌떡 일어나 다시 모닝 루틴을 반복하게 되는 것 같습니다. 물론 회사에 여유 있게 출근할 수 있게 된 것은 덤입니다.

복직자의 피곤함을 저는 알고 있습니다. 낮에는 하루 종일 일하다 와서 드러눕고 싶은데 집에 오면 다시 육아와 가사가 시작입니다. 퇴근 후에는 꼭 영양제나 영양 보충제를 챙겨 먹으며 스스로를 응원해 주시기 바랍니다. 회사에서도 가정에서도 내 수고를 알아주고 응원해 주지를 못하는 경우가 많은데, 스스로에게 하는 응원과 칭찬이 나름 대로 효과가 있습니다. 이제 다시 복직을 하여 멋지게 하루를 보내고 돌아올 여러분을 진심으로 응원합니다.

현명한 복직 방법

- 다음에 육아 휴직을 다시 쓸 수 있다면 2주~2개월 정도 남겨 둔다.
- 육아 휴직 중에 회사와 가끔 연락한다.
- 육아 휴직 직후 인수인계자에게 도움이 필요한 부분이 있는지 연락한다.
- 육아 휴직 중반에 회사 소식을 확인하는 차원에서 팀원에게 연락한다.
- 복직 2~3주 전 팀장에게 연락하여 복귀 일정을 확인한다.

복직하는 날

- 거울 앞에서 '나는 빠르게 적응하는 사람이다.'라고 주문을 외운다.
- 복귀 당일 인수인계자와 업무 현황을 정리한다.
- 회사와 가정을 분리하여 일하도록 노력한다.
- 업무의 몰입도를 높이기 위해 체크 리스트를 정해 놓고 일을 한다.
- 집에서도 아이와 함께 있는 최소 시간을 반드시 정해 놓고 지킨다.
- 아이와 있을 때는 휴대폰은 멀리한다.
- 모닝 루틴으로 여유 있는 아침을 만든다.

고마운 분들에게 감사한 마음 표현하기

평범한 일상을 아름답게 바꾸는 마법이 있다면 그것은 감사하는 마음을 갖는 것입니다. 다른 외적인 조건은 변한 게 없는데도 내면이 바뀐 것만으로도 상황은 좋게 변화합니다. 감사의 대상이 여러 명일 필요도 없고, 감사할 일이 엄청 많지 않아도 좋습니다. 매일 한 사람, 매일 한 가지 일이라도 감사한 것을 떠올리고 글로 적고 표현해 보시기 바랍니다. 복귀 후 다시 바빠진 일상으로 분주해졌겠지만, 육아 휴직 기간 동안 감사했던 사람을 떠올려 보며 그 마음을 표현하는 것을 잊지 말아야 합니다.

내 삶의 비타민, 자녀

일을 하던 부모가 갑자기 집에 있게 되면 아이와 크고 작은 일로 부딪히는 일이 많았을 것입니다. 때로는 '아이를 위해 휴직인데, 이렇게 지내는 게 맞나?'라는 생각이 들었을 수도 있었을 것입니다. 하지만 분명한 것은 육아 휴직을 하며 함께 보낸 이 시간이 아이에게 좋은 자양분으로 자리 잡고 부모와 애착 관계를 형성하는 데 도움이 되었다는 것입니다.

부모가 노력한 만큼 아이도 그 시간을 부모와 잘 지내려고 노력을 많이 했을 것입니다. 그렇기에 아이에게 육아 휴직 동안 함께해서 고맙다고 반드시 전해야 합니다. 부모의 마음을 알았다면 아이는 함께한 시간이 행복했다고 답할 것입니다. 그리고 회사로 다시 돌아가더라도 저녁 시간이나 주말에 틈틈이 아이와 함께 좋은 시간을 보내 주겠다고 이야기도 나눠 보시기 바랍니다. 회사로 돌아가는 부모로 인해 다소 서운해질 수 있는 아이의 마음을 다독여 준다면 복직 이후에도 잘 지낼 수 있을 것입니다.

존재만으로도 감사한 배우자와 부모님

맞벌이였던 부부가 외벌이가 되면 아무래도 상대방이 갖게 되는 심적 부담감은 커지게 됩니다. 아이들을 봐주는 사람이 있어서 안정감이 들면서도 경제적인 부분을 오롯이 도맡아야 하니 말은 안 해도 크고 작은 부담을 느꼈을 것입니다. 티 안 내고 협조해 준 배우자에게도 1년간 육아 휴직을 잘 쓸 수 있도록 도와줘서 고맙다는 표현을 꼭 해 주시기 바랍니다. 물론 배우자 외에도 부모, 형제 중에 신세를 지거나 도움을 받았다면 감사의 인사를 하는 것을 잊지 마시기 바랍니다.

팀장님, 덕분에 잘 다녀왔습니다

육아 휴직은 법적으로 당연한 권리지만, 한 번이라도 팀장이나 임원의 입장에서는 생각해 보면, 한 명의 팀원이 1년간 자리를 비우는 것은 아무래도 손실이고 부담스러운 일입니다. 때문에 팀장님이 싫은 내색을 하면서 마지못해 승인했더라도 복귀 후 진심으로 감사 인사를 드리는 것은 매우 중요한 일입니다. 저는 첫 번째 육아 휴직 때는 그럴 겨를도 없이 바쁘게 복귀하고 일하느라 정신이 없었습니다. 두 번째 육아 휴직 때에는 작은 선물을 준비하여 팀장님에게 전달해 드렸습니다. 그분이 제 육아 휴직을 승인해 주신 분이기 때문입니다.

그리고 선물을 전달한 제 마음 이면에는 살짝 다른 생각이 있었습니다. 그것은 바로 앞으로 제 다음에 육아 휴직을 내게 될 누군가를 위한 마음이었습니다. 팀장님이 저의 감사한 마음을 조금이라도 느끼셨다면, 다른 팀원이 육아 휴직을 지원할 때에도 기쁜 마음으로 흔쾌히 승인해 주실 수 있을 것입니다. 그러면 자연스럽게 육아 휴직이 당연시되는 문화가 저희 회사에 자리 잡을 것이라 생각되었습니다.

잊지 말자, 인수인계자 동료

앞에서도 말씀드렸지만, 인수인계자에게 늘 감사함이 있어야 합니다. 육아 휴직 기간 동안 제 업무를 맡아서 잘 관리해 주고 처리해 준 직장 동료에게 감사의 인사를 해야 합니다. 또한 인사는 물론 좋은 식사를 한 끼 대접하면서 감사의 마음을 표현해 보는 것도 좋습니다. 2번의 출산 휴가와 2번의 육아 휴직을 쓰다 보니 그동안 제 업무를 맡아준 인수인계자가 여러 명 있습니다. 지금은 퇴사한 분도 있고 함께 회사에 다니는 분도 있는데, 양쪽 다 여전히 좋은 관계를 유지하며 지내고 있습니다. 그리고 그때 이야기가 나오면 오래전 일이더라도 감사하다고 인사를 전합니다.

저는 모든 일에 끝맺음이 잘 되어야 한다고 생각합니다. 전 육아 휴직의 끝맺음이 주변 사람들에 대한 감사의 인사가 아닐까 생각합니다. 돈이 드는 일도 아니고 힘든 일도 아닙니다. 지금 내게 감사했던 이들을 떠올려 보며 잊지 말고 그 마음을 전달하시기 바랍니다.

끝으로 감사와 칭찬할 대상은 나 자신입니다. 누구나 다하는 것처럼 보여도 일하며 육아를 하는 것은 절대 쉬운 일이 아닙니다. 육아 휴직을 마음먹고 쓰는 과정도 용기가 필요합니다. 그리고 휴직 중이었다가 다시 복직을 하는 것 역시 용기가 필요합니다. 내게도 칭찬과 눈에 보이는 선물을 해 주세요. 복직 후 첫 월급은 내 건강과 행복을 응원하며 보약을 챙겨 드시길 권해 드립니다.

감사의 마음을 전하는 방법

- 자녀에게 함께 행복한 시간을 보내줘서 고맙다고 말한다.
- 아이에게 복직한 후에도 저녁과 주말을 활용해 즐겁게 지내자고 약속한다.
- 배우자와 가족에게도 감사의 인사를 전한다.
- 육아 휴직을 승인해 준 분들에게 감사의 인사와 소정의 선물을 전달한다.
- 인수인계자에게도 감사 인사와 맛있는 식사 대접한다.
- 나에게도 복직 선물로 보약을 챙겨 준다.

워킹 맘에게 워라밸이라뇨?

회사 후배 C와 함께한 식사 자리의 이야기입니다. 매주 회의 때마다 얼굴을 보지만, 같이 식사를 한 것은 처음이었습니다. 처음 가지게 된 식사 자리에서 우리는 입사 면접 당시 질문이었던 워라밸(work and life balance)에 대한 이야기를 나눴습니다.

희정 매니저님은 입사 면접 때 박 팀장님께서 면접을 봤나요?

C 네, 1차 면접은 저희 팀장님이 보셨지요.

희정 어떤 것들을 물어봤는지 기억이 나요?

C 워라밸에 대해서 어떻게 생각하는지 물어보셨어요. 둘 중의 하나를 고르라면 어떤 것을 고를지도 물어보셨고요.

희정 그래서 뭐라고 답했어요?

C 저랑 다른 분과 함께 면접을 봤는데, 그분은 회사 일이 더 중요하다면서 필요하다면 야근이나 주말 근무도 마다하지 않고 다 나오겠다고 이야기했어요.

희정 진짜요? 저도 그런 사람을 봤는데, 오히려 합격 시켜 놓으니 몸을 바쳐서 일하기는커녕 금방 퇴사하더라고요. 그래서 매니저님은 뭐라고 했어요?

C 저는 오히려 반대로 이야기했어요. 일도 당연히 중요하지만 둘 중 하나

를 고르라면 내 삶이 더 소중하다고 말했어요. 그렇다고 해서 일을 소홀히 하겠다는 뜻은 아니고 오히려 근무 시간에는 일을 더 효율적으로 해서 퇴근 시간은 지키고 싶다고 했어요.

희정 그게 박 팀장님 스타일인데, 효율적으로 일 잘하는 거. 그래서 매니저님이 뽑힌 거네요.

C 네 그런가 봐요. 그런데 아기를 낳고 보니 워라밸이 어디 있나 싶어요. 워킹 맘에겐 워라밸은 절대 없는 것이 같아요. 아무리 집에 정시에 들어가도 집안일과 육아를 하다 보면 그것 역시 라이프(life)가 아닌 워크(work)에 해당하는 거 같아요.

희정 맞아요. 저도 하루에 2번 출근한다는 생각으로 지내요. 그런데 두 번째 출근길에는 기력이 다 빠져 있을 때가 많아요. 제 몸을 하나 건사하기도 힘들 정도로 피곤한데 첫째 아이 공부와 둘째 아이와 놀아 주기 그리고 집안 정리 정돈을 하다 보면 10시 이후에는 양치할 기운도 없다니까요.

C 오히려 육체전과 정신전이 더 심화하는 건 회사가 아니라 집인 것 같아요. 내년에 육아 휴직하면 제 생활도 좀 나아지겠지요?

희정 사실 육아 휴직을 해도 한가롭거나 편하지는 않아요. 회사 업무만 없을 뿐 육아와 가사에 일이 양적으로 늘어나는 느낌이에요. 가사를 하고 아이를 보다 보면 회사에서 앉아 있는 것보다 훨씬 더 힘들 수 있어요. 누군가 '아기 볼래, 일할래?'라고 물으면 저는 일한다고 대답하거든요.

C 정말요? 육아 휴직을 하면 몸과 마음이 편해질 줄 알았는데. 저는 요즘 일과 육아 모두 엉망이 되는 느낌이에요. 매니저님 보면 일과 가정 모두 균형 있게 하시는 것 같은데요.

희정 저도 한동안은 일과 육아를 제대로 못 하는 것 같아서 자책도 많이 했어요. 업무에서는 육아 휴직 후 승진에서 몇 차례 고배를 마시기도 했

고, 육아에서는 첫째 아이가 손톱을 물어뜯거나 둘째 아이의 언어가 늦어서 치료를 받아야 한다는 이야기를 듣기도 했었어요. 그때는 모든 일이 제가 부족해서 일어난 일 같았어요.

C 매니저님도 저와 같은 것을 느끼셨군요. 그 이후에는 어떻게 극복하셨어요?

희정 하지만 자책한다고 나아지는 것은 별로 없었어요. 그래 봤자 저에 대한 미움만 자라났어요. 그 미움이 다시 아이들에게 전달되는 것 같았거든요. 그래서 생각을 조금 바꾸고 일과 육아와 집안일을 하면서 스스로 잘하고 있다고 칭찬해 주기로 했지요.

C 듣고 보니 매니저님의 말이 맞는 것 같아요. 부정적인 생각이 은연중에 아이에게 전달될 수 있다는 것을 놓치고 있었네요.

희정 지금은 집안을 정리하고 깨끗해진 공간을 보면서 혼자 미소짓기도 한답니다. 퇴근 후에는 저녁 밥도 사진을 찍어서 SNS에 올려 친구의 응원을 받기도 하고요. 그리고 출근길과 퇴근길에 아이에게 사랑한다고 눈을 마주치고 이야기하면서 나 자신과 아이에게 도움이 될 길을 찾아보세요.

C 그렇군요. 저도 자책하는 마음은 좀 내려놔 보도록 할게요. 그렇지만 정말 정신적, 육체적으로 동시에 힘든 날들이 끝없이 지속되기도 해요. 일과 육아의 균형을 맞춘다는 게 정말 힘든 거 같아요.

희정 일(Work)과 삶(Life)이든, 일과 육아든 평형 저울에 올려놓은 것처럼 똑같이 균형을 이루는 것은 불가능한 것 같아요. 저는 시소를 타는 것처럼 살아가는 과정에서 무게가 왼쪽 오른쪽으로 옮겨 다니는 게 자연스러운 일이라 생각해요. 이런 관점에서 보면, 육아 휴직은 최대 1년이라는 시간 동안 아이들 쪽으로 많이 기울어진 시소의 모습인 셈이죠.

A 그렇네요. 완벽한 균형을 맞추려고 하는 게 이룰 수 없는 욕심이 되어 버리겠네요. 저도 이제 내년이면 1년간 아이에게 확 기울어진 삶을 살아 봐야겠어요.

워라벨이 맞벌이 부부에게는 참으로 힘든 일이지만, 일과 육아를 50대 50으로 똑같이 균형을 잡아야 한다고 생각할 필요는 없습니다. 그것을 이상적이라고 생각하는 순간 우리는 늘 터무니없이 부족한 삶을 살게 됩니다. 회사 일에 몰입하고 아이들에게는 다소 소홀해지는 시간도 있고, 아이들에게 좀 더 가까이 다가가면서 회사 일은 살짝 느슨해지기도 합니다. 이루기 힘든 균형에 목을 매기보다는 시소 타는 인생이 훨씬 자연스럽고 즐거운 것임을 받아드리고 즐겨 보시길 바랍니다.

에필로그

출판사에 원고를 보내고 휴가를 내어 홀가분한 마음으로 엄마와 데이트를 했습니다. 커피를 한잔하고 나오는 길에 카페에서 베넷 모자를 쓴 아이와 엄마가 눈에 띄었습니다. 아기는 이제 3개월 정도 된 모양입니다. 엄마와 저는 귀엽다는 말을 반복하며 아이를 쳐다보았습니다. 아기 엄마는 양손으로 아기를 안고 있느라 옆에 친구로 보이는 분이 아기 물건을 대신 들고 카운터에서 주문을 거들고 있었습니다. 공기가 제법 따뜻해진 봄날, 카페로 마실을 나온 아이와 엄마는 건강하고 행복해 보였습니다.

집으로 돌아오는 길에 문뜩 제 육아에 손을 보태 준 사람들을 떠올려 보았습니다. '한 아이를 키우려면 온 마을이 필요하다.'라는 아프리카 속담이 있듯이 저는 참으로 많은 사람의 도움으로 두 명의 아이를 키웠고 지금까지도 그 도움을 받고 있습니다.

첫째 아이를 낳고부터 친정에 들어가 살았으니 가장 많은 도움을 받은 건

엄마입니다. 몸조리하라고 아이 목욕을 도와주시고, 잠깐 외출할 때마다 아이를 봐주시며, 복직해서 회사에 다닐 때는 마음 편히 일하다 오라고 저녁까지 아이를 봐주셨습니다. 회사에서 누군가 저를 보고 '회사와 육아를 둘 다 하며 대단하다.'라고 칭찬한다면 그 공은 90% 이상 저희 엄마의 몫입니다. 지금은 떨어져 살고 있지만, 급한 일이 생기면 달려와 주실 분이 엄마임을 알기에 존재만으로도 든든한 육아 지원군입니다.

아빠는 첫째 아이가 3살 때 하늘나라로 가셨지만, 살아계실 적 2년간 아이를 끔찍이 좋아하셨습니다. 아이가 어릴 때는 유모차를 밀고 산책을 나가고 아이가 걸음마를 할 때는 손을 잡고 뒷동산에 자주 산책을 다니셨습니다. 하루 중 짧은 시간이라도 아빠가 아이와 산책을 해 주는 시간이 제게 행복한 시간이었습니다.

이모님의 역할도 컸습니다. 저희 아이들은 어릴 적부터 지금까지 한 이모님의 도움을 받고 있습니다. 이제는 둘째 아이가 유치원에 다니고 손이 덜 가는 시기가 되어 주 1회만 저희 집에 오십니다. 하지만 친정엄마 다음으로 가장 신세를 많이 진 분이라고 해도 과언이 아닙니다.

남편도 빼놓으면 섭섭해 하지요. 남편과 5년간 주말부부로 지냈기 때문에 솔직히 첫째를 키우며 남편의 도움을 많이 받지는 못했습니다. 하지만 서울에서 함께 지내면서 살림과 육아를 잘 도와주는 대표 지원군이 되었습니다. 특히 요즘은 남편이 출근 시간을 10시로 조정하여 아이들의 등교와 등원을

도맡아 하고 있습니다. 부부 싸움을 했어도 육아만큼은 서로가 합심을 해서 각자의 역할을 해야 하루가 무사히 돌아가는 것을 절실히 느낍니다. 맞벌이 부부에게는 더욱 그렇습니다. 마치 자전거 페달에 남편과 아내가 각각 한 발씩 올려놓고 페달을 돌리는 것과 같습니다. 누구 하나라도 페달에서 발을 떼면 한쪽 발로 페달을 돌려야 하는 것처럼 독박을 쓰는 쪽에서 몇 배로 힘이 들게 됩니다.

시부모님은 주말에 아이를 봐주신 분들입니다. 육아가 시작되면서 영화관 가서 영화를 보거나 부부가 둘이 외출을 하는 것이 거의 불가능합니다. 저희 부부는 아주 가끔이지만 시부모님 찬스를 이용해 외출을 했습니다. 콧바람을 쐬고 오는 것만으로도 육아 스트레스와 피로를 완화하는 데 도움이 됩니다. 자주는 어렵더라도 이런 부모님 찬스가 제게는 도움이 되었습니다.

딸 부잣집 둘째 딸인 저는 언니와 동생 두 명의 덕도 정말 많이 보았습니다. 아이들은 이모가 세 명이나 있으니, 엄마가 자리를 비울 때는 이모가 그 역할을 해 줄 때가 많았습니다. 큰이모는 집안에서 제한 없이 마음껏 놀게 해 주는 자유를, 셋째 이모는 다양한 선물과 재미있는 놀이를, 넷째 이모는 그림 그리기와 만들기 그리고 엄마가 알려주지 않는 신기한 어린이 애플리케이션을 제공해 주었지요.

대표 지원군에서 함께 아이를 키우는 회사에 동료와 주변 친구도 빼놓을 수 없습니다. 특히 같은 공간에서 일하며 아이를 키우는 회사 동료는 같은 고

민거리를 가지고 있는 경우가 많습니다. 함께 고민을 털어놓고 이야기를 나누는 것만으로 힘이 되고 위로를 받았습니다. 미처 생각하지 못한 좋은 해결책과 대안을 제시해 주기도 하고 육아, 교육, 여행 등에 대한 정보도 서로 공유하며 도움을 주고받았습니다. 매일 식사를 같이하거나 자주 만나는 동료들은 오랜만에 만나는 절친에게도 하지 못하는 시시콜콜한 일상 속 고민을 털어놓곤 합니다.

친구들은 회사 동료만큼 자주 만나지는 못하지만, 주말에 같이 만나거나 함께 여행을 가면서 도움을 받기도 합니다. 존재만으로도 행복해지고 힐링을 주는 것 같습니다. 그리고 같이 이야기 나누다 보면 육아의 스트레스, 회사에서 속상했던 일도 잊게 됩니다. 아이들이 비슷한 또래라면 부모는 부모끼리, 아이들은 아이들끼리 서로 즐거운 시간을 보낼 수 있어서 더욱 행복합니다.

심지어 저는 회사에 근무하던 의무실 직원에게도 은혜를 입었습니다. 첫째 아이를 낳고 복직할 당시 회사에는 여직원 휴게실은 물론 유축을 할 만한 마땅한 장소가 없었습니다. 대기업이긴 했지만, 여직원 수가 적은 데다가 그 당시만 해도 육아 휴직 후 복직한 여직원이 전무했기 때문입니다. 아직 모유 수유가 끝나지 않아 고민하고 있던 시점에 그 직원은 의무실 한쪽에 가림막을 설치해 주었습니다. 그리고 본인이 사용하던 유축기를 의무실로 가져와 회사에서 사용할 수 있도록 마련해 주었습니다. 뿐만 아니라 육아 서적도 의무실에 갖다 놓고 대여해 갈 수 있도록 했지요.

주말 부부 시절, 홀로 아기 띠를 둘러매고 양팔에 짐을 잔뜩 들고 KTX 오르내리며 헉헉거릴 때, 옆에서 짐을 들어 준 아줌마와 아저씨도 있습니다. 이름도 모르고 얼굴도 기억이 안 나지만 말입니다. 이들까지 다 합치자면 10년간 제가 도움을 받은 분들의 합은 족히 한 마을을 이룰 것입니다.

저는 참으로 많은 분의 사랑과 도움을 받으며 두 아이를 키웠고, 지금도 진행 중입니다. 회사를 다닐 때도 육아 휴직을 보낼 때도 저는 주변의 지원군들 덕분에 심한 우울증에 빠지지 않고 힘든 고비를 잘 넘겼던 것 같습니다. 간혹 수렁 속에 빠진 시기가 있더라도 며칠이 지나지 않아 회복하게 된 것도 주변 육아 지원군 덕분입니다.

이 책의 에필로그를 빌려 제 곁에 계신 하나님과 소중한 분들에게 감사의 인사를 전합니다. 아울러 이 책을 쓰도록 원동력이 되어 준 효와 민, 두 아이에게 따듯한 포옹과 사랑을 전합니다. 또한 부족한 원고를 선택하여 출간하는 데 도움을 주신 처음북스 식구들(특히 채지혜, 고병찬 편집자)과 박경연 일러스트 작가님에게 감사드립니다. 끝으로 바쁘신 가운데도 원고를 직접 읽고 추천사를 흔쾌히 수락해 주신 서유미 작가님, 신동훈 대표님, 신의진 교수님께 머리 숙여 감사드립니다. 평소 존경하는 분들께 추천사를 받게 되어 퇴고하는 순간까지 너무 행복했습니다.

우리 집 식탁에서
김희정

부록

육아 휴직 선배의 인터뷰 1

육아 휴직 선배의 인터뷰 2

육아 휴직 FAQ

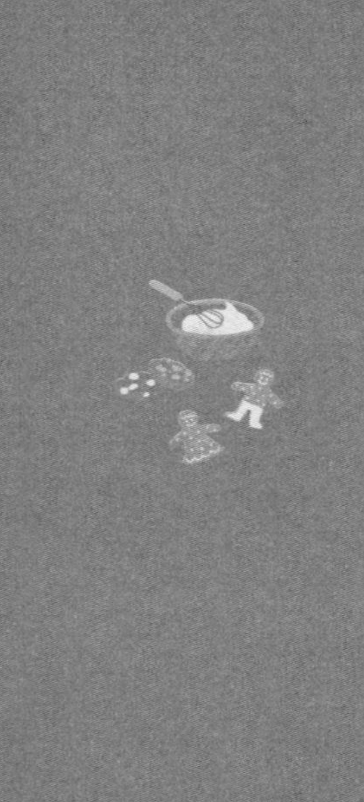

육아 휴직 선배의 인터뷰 1

한연희(가명, 여, 39살) 과장은 제조업 C사(직원 수 3,000명 이상, 여성 비율 40%)에 근무하며 6개월 가량의 육아 휴직을 사용했다. 남편(38살), 큰 아들(8살), 작은 아들(6살) 4식구가 부모님과 함께 살고 있다.

육아 휴직을 사용하게 된 목적은 무엇인가요?

우선 첫 번째는 자녀 초등학교 입학으로 아이가 학교생활에 적응하기 위한 것이었습니다, 두 번째는 양육자인 부모님(할머니)의 건강 악화로 인해 휴직이 필요했습니다. 부수적으로 회사 다니며 부족했던 운동 시간을 확보해서 체력을 증진하고자 하는 목표도 있었습니다.

육아 휴직 기간 동안 주로 어떤 일과를 하며 보냈나요?

육아 휴직 첫 주부터 아이의 입학이 있어서 정신이 없었습니다. 그리고 대부분 그동안 하지 못했던 집안 정리를 하면서 보냈습니다. 아이의 방을 초등학생 방으로 바꿔 주기, 입학 준비물 챙기기, 학원 알아보기 등 굉장히 바빴습니다. 이후에는 기상 및 아이 등교 · 등원 준비(07:00~08:40) → 운동(오전 09:00~11:00) → 장보기 · 자기 계발(11:00~12:00), 점심식사(12:00~14:00) → 첫째 아이 하교 이후 집에서 같이 학습(14:00~15:00) → 둘째 하원(16:00) → 놀이터에서 놀아 주기 (16:00~18:00) → 저녁 식사 준비 및 치우기 (18:00~20:00) → 남편 저녁 식사 준비 및 치우기 일과로 보냈습니다.

또한 육아 휴직 도중에 아이가 집중력 저하와 자신감이 결여되는 문제가 발생하여 전문의의 상담을 받았습니다. 육아 휴직 기간에 엄마가 학업을 무리하게 시키고, 짧은 시간 동안 생활 태도 등을 바르게 교육하려 했던 점 등에서 아이가 자신감을 잃고 있다는 전문가의 지적을 받았습니다. 그 이후에는 아이와 함께 공부하는 시간보다는 친구들과 더 뛰어놀고, 엄마와 도서관을 가거나 하는 즐거운 활동을 하였습니다. 전문가 선생님께서 아이와 엄마가 처음으로 함께 하는 시간이라면 그 시간을 아이의 생활 태도를 바로 잡는 것보다 같이 있는 시간이 이렇게 즐겁다는 것을 느끼게 하는 게 중요하다고 했습니다.

Q 육아 휴직 기간 동안 가장 기억에 남는 일이 있었다면 무엇인가요?

아이 초등학교 친구들과 친구 엄마들과 같이 보낸 시간이 가장 기억에 남습니다. 아이가 어린이집에서 어떻게 지내는지, 어떤 친구들하고 친한지 잘 몰랐습니다. 초등학교 입학 후 다른 엄마들과 교류하면서 남자아이 양육 방법에 대한 조언도 많이 듣고 다른 친구들과 어떻게 지내는지도 잘 알게 되어 좋았습니다. 초등학교 저학년의 경우에는 요즘은 어쩔 수 없이 엄마들의 주도로 친구를 만들어 주고 있습니다. 그래서 엄마들과 교류하지 않으면 친구를 사귈 기회가 매우 적습니다. 육아 휴직을 통해 아이가 첫 사회생활을 어떻게 하고 있는지 친구들을 통해서 또 친구 엄마들을 통해서 들여다볼 수 있었습니다.

육아 휴직 동안 좋았던 점은 무엇입니까?

육아 휴직 기간에는 정말 아이들이 태어나고 처음으로 가장 오래 같이 있었던 시기라 소소한 일상이 매우 소중했습니다. 예를 들면 어린이집에 데려다 주기, 같이 놀이터 가기, 저녁 늦게까지 놀기, 친구들을 초대해서 집에서 놀기 등입니다. 그리고 육아 휴직 기간에 체력 증진을 계획한 대로 열심히 했습니다. 다만, 자기 계발 및 공부를 계획하였으나 대부분 달성하지 못했습니다. 자격증도 하나 따고 싶었는데, 중간에 포기했습니다. 사실상 운동만 잘해도 계획을 달성한 것이라고 생각해서 후회는 없습니다. 또한 남편에게도 제 육아 휴직은 아내가 처음으로 집에 있는 시간이었기에 의미 있었다고 생각합니다. 경상도 남자라 매우 무뚝뚝한 편인데, 제가 집에서 안정적으로 아이들을 돌보는 모습이 너무 표현했습니다.

재정적인 부분은 어떻게 관리하였나요?

남편은 육아 휴직 동안에 재정적인 것은 걱정하지 말라며 안심 시켜 주었습니다. 돈은 안 모아도 괜찮고, 마이너스 통장에서 빼서 쓰면 된다고 하였습니다. 실제로 용돈도 넉넉히 주었습니다. 육아 휴직을 대비해서 사전에 적금을 들어 놓거나 상세한 계획을 세워두면 좋았겠지만, 최대한 재정에 대해 스트레스를 받지 않고 정해진 기간에 마이너스 통장을 쓴다는 각오로 보내는 게 좋은 것 같습니다. 제 경우는 운이 좋게도 육아 휴직 전에 성과급이 나와서 재정적인 부분에 도움이 되었습니다. 오히려 다시 오지 않을 육아 휴직 기간 동안 재정을 걱정하며 아이들과 여행을 다닐 때 스트레스를 받는 것 또한 바람직하지 않은 것으로 보입니다.

육아 휴직을 잘 사용하는 방법이 있을까요?

엄마로서 아이의 성장을 지켜보고 옆에서 도움을 주는 것이 얼마나 행복하고 어려운 일인지 경험해 보는 것이 중요합니다. 저 역시 진심으로 육아 휴직 후 전업주부를 존경하게 되었습니다. 어떤 이는 쉬고 싶어서, 어떤 이는 자기 계발을 위해, 또 어떤 이는 육아 도움을 받을 곳이 없어서 육아 휴직을 쓰게 됩니다. 물론, 자기 계발과 휴식 등도 좋지만 육아 휴직은 정말 나를 위한 시간보다는 아이들을 위한 시간으로 활용하는 것이 가장 남는 것이라 생각합니다.

육아 휴직 제도나 문화 중 개선되었으면 하는 점이 있을까요?

육아 휴직 제도는 사실 1년간의 제한된 기간 동안 자녀와 함께 할 수 있는 여력을 주는 것으로 고맙기도 하지만 사실 그 기간이 짧습니다. 대개는 출산과 함께 육아 휴직을 다 쓰고 나면 이후에는 쓸 기회가 없으니까요.

유아기 때도 또 초등 입학 이후에 아이에게 엄마, 아빠가 필요한 경우가 너무 많은데 육아 휴직만으로는 대체하기 힘든 시간이 너무 많습니다. 주 52시간제와 더불어 자율 시간 출퇴근, 재택근무 등의 더 다양한 제도가 정착되어 부모가 아이와 함께 저녁을 보낼 수 있는 방안이 많았으면 좋겠습니다. 또한 육아 휴직은 직장을 다니는 부모라면 반드시 한 번쯤은 사용할 수 있어야 한다고 생각합니다. 그래야 회사에 다니고 사회생활을 하는 것만큼이나 가정을 꾸려나간다는 것의 소중함과 어려움을 모두 느낄 수 있다고 생각합니다.

육아 휴직 선배의 인터뷰 2

주교훈(남, 40살) 차장은 IT서비스업 P사(직원 수 2,000명 이상, 여성 비율 10%)에 근무하며 6개월가량의 육아 휴직을 사용했다. 아내(38살), 큰딸(8살), 작은 딸(4살)과 함께 살고 있다.

육아 휴직을 사용하게 된 주된 목적은 무엇인가요?

첫째 아이가 초등학교에 입학하기에, 안정적인 학교생활의 적응을 돕고자 했습니다. 그리고 둘째 아이를 포함하여 아빠와 함께할 수 있는 시간을 가지기 위해서 사용했습니다. 그 외에는 육아 휴직 기간에 직장 생활을 잠시 쉬면서 개인적인 시간을 가지고 싶었습니다. 자격증이나 어학 같은 자기 계발 욕심도 있었습니다. 하지만 한편으로는 육아 휴직 후 복직을 했을 때 '다시 잘 적응할 수 있을까?'라는 생각과 금전적인 것들이 고민되었습니다. 또 내가 과연 육아를 잘 할 수 있을지도 걱정되기도 하였습니다.

육아 휴직 기간에 주로 어떤 일과를 하며 보냈나요?

육아 휴직 첫날이 첫째 딸의 입학이라, 입학식 참석 및 초기 학교 준비물 준비에 정신이 없었습니다. 이후 첫 주는 아이와 함께 학교생활 파악, 학교 적응 사항 등을 확인하면서 보냈습니다. 어느 정도 학교 및 학원 등의 스케줄이 정해진 후에는 개인적으로 하고 싶었던 일들은 시작하였습니다. 일반적인 일과는 새벽 수영(초반 3개월만) → 아침 준비 및 아이들 등교 · 등원 → 식사 후 집안일 → 골프 배우기 → 점심 식사 → 어학 및 직무 학습(온라인 강좌) → 첫째 아이 하교 및 학원(요일별로 리듬 체조, 인라인 등) → 둘째 아이 하원 → 저녁 준비 → 아이들 씻기기 → 휴식 혹은 책 읽어 주기 → 아이들 재우기 이런 순서였습니다.

육아 휴직 기간 중 기억에 남는 일은 무엇인가요?

첫째 아이가 약간 내성적이라 학교생활이나 친구들과의 관계를 걱정하였는데, 학부모 공개 수업 시 제일 먼저 발표하는 모습을 보고 놀랐었던 기억이 납니다. 본인뿐 아니라 아내도 아빠의 육아 휴직이 어느 정도 아이한테 긍정적인 영향을 미치는 것으로 생각하여 뿌듯하였습니다. 그리고 연도별로 사진첩을 만들어야지 했었는데, 사진만 모아놓고 손도 못 대고 있었습니다. 육아 휴직 기간에 드디어 사진들을 모두 정리해서 사진첩을 만들었습니다. 와이프와 딸들이 사진첩을 보며 즐거워하는 모습에 보람을 느꼈습니다.

육아 휴직을 사용하는 동안 가장 좋았던 점은 무엇입니까?

첫 번째는 딸이 학교생활에 안정적으로 적응하였던 점이었습니다. 이를 위해 학부모회나 학교 행사에 적극적으로 참여했습니다. 두 번째는 맞벌이를 하는 와이프가 본인의 회사 업무에 집중할 수 있었던 점입니다. 마침 육아 휴직 기간에 와이프의 직무가 바뀌어서 큰 걱정 없이 새로운 일에 심적으로 편하게 빨리 적응할 수 있었습니다. 세 번째는 골프, 수영 같은 새로운 운동을 배우고, 꾸준히 자기 계발(어학, 직무)을 지속해서 할 수 있어서 좋았습니다.

Q 재정적인 부분은 어떻게 관리하였나요?

평소 한 달 수입과 지출을 파악하고 있었습니다. 그래서 육아 휴직 후의 지출을 예상하여 휴직 급여 외에 필요한 비용을 휴직 최소 6개월 전부터 저축하였고 약 1,000만 원 정도 모았었습니다. 그러나 예상외의 지출이 많아 그것도 부족하였습니다. 재정 관리를 위해 특별히 노력한 점이 있다면, 음식을 사 먹지 않고 집에서 만들어 먹는 비중을 높였습니다. 예를 들면 반찬 같은 경우 사 먹기보다는 인터넷으로 조리법을 찾아보며 직접 만들었습니다.

Q 육아 휴직을 잘 사용하는 방법이 있을까요?

항상 육아 휴직의 목적을 잊지 않으면 짜증을 내는 일이나 불안하게 마음을 졸이는 일이 줄어든다는 것입니다. 아이를 돌보는 것이 최우선이기에 어떤 고민거리가 생겨도, 최초 목적을 생각하면 쉽게 헤쳐나갈 수 있다고 생각합니다. 그리고 남자 휴직자의 경우, 가능하다면 다른 아빠들과의 유대를 쌓으면 좋겠습니다. 생각보다 쉽게 유대감도 생기고 서로의 어려운 점을 이야기할 수 있습니다.

Q 육아 휴직 제도나 문화 중 개선되었으면 하는 점이 있을까요?

육아 휴직에 대한 인식 개선이 시급합니다. 육아 휴직은 향후 본인이 해당될 수 있고 형제자매나 미래에는 자식이 사용할 수 있기에 제도를 당연하게 보는 인식이 제일 필요합니다. 그리고 금전적인 지원도 확대가 필요하다고 생각합니다. 현실적으로 돈이 부족한 상황입니다. 무엇보다도 남자 육아 휴직도 당연하다는 인식이 보편화되었으면 합니다. 또한 초짜 아빠를 위한 아이들 연령대별 육아 프로그램도 확대되었으면 합니다. 또한 복직한 아빠들도 지속적인 육아 참여가 이뤄지도록 어린이집이나 유치원 혹은 문화 센터 등에 주말 프로그램 등이 늘어나면 좋겠습니다.

육아 휴직 FAQ

Q 아이가 어린데 지금 육아 휴직을 사용해도 괜찮은지 고민됩니다. 초등학교 입학 시즌도 중요하다는데 어떻게 해야 하죠?

A 초등학교 입학 시기의 육아 휴직은 당연히 아이에게 도움이 되고 필요한 시기입니다. 그렇지만 지금 육아와 가사가 여러 가지로 힘들다면 아이가 어릴 때 쓰는 것을 추천해 드립니다. 아이가 한 살이라도 더 어릴 때 부모와 함께 지내는 것이 애착 형성과 정서적인 면에서 도움이 많이 됩니다. 그리고 여건이 가능하시다면, 육아 휴직 중 10달 정도는 먼저 사용하고, 1~2달 정도만 남겨 두었다가 입학 시즌에 사용하는 방법도 있습니다. 저도 둘째 아이의 육아 휴직을 2주 정도 남겨 두었는데 초등학교 입학 시기에 잠깐이라도 쓸 수 있다면 사용하려 합니다.

Q 육아 휴직 후 퇴사하고 싶은데, 그래도 육아 휴직은 써야 할까요?

A 당연히 써야 합니다. 첫 번째 이유는 육아 휴직 급여 때문입니다. 휴직을 하면서 일정량의 급여를 받을 수 있는 기회를 놓칠 필요는 없습니다. 큰 금액이 아닐지라도 월 100만 원가량의 휴직 급여도 소중하답니다. 두 번째 이유는 퇴사라는 지금의 선택이 틀릴 수도 있기 때문입니다. 지금은 육아와 회사를 병행하는 것이 힘들다고 판단하여 '퇴사하는 게 낫겠다.'라고 생각할 수 있습니다. 하지만 정작 가사와 육아에 올인하니 '회사에 다닐 때보다 더 힘들다.'라고 하시는 분도 있을 수 있고, 경제적으로 도저히 감당이 안 되는 상황이 올 수도 있습니다. 그렇기에 육아 휴직을 하고 퇴사하는 결정이 내게 맞을지 판단해도 늦지 않습니다.

Q 출산 휴가나 육아 휴직을 쓰고 회사에서 자리가 없어지거나, 진급 서열에서 밀린다 등의 이야기를 들었는데 정말인가요?

A 회사마다 차이가 있기 때문에 반드시 불이익이 있다 없다고 말씀드리긴 어렵습니다. 제 경우는 업무나 고과 등으로 불이익을 받은 경험을 했습니다. 그래서 육아 휴직 기간 동안 회사와 연락을 끊고 지내기보다는 가끔 팀장이나 동료와 연락을 주고받으시길 바랍니다. 그래야 회사에서 '내가 돌아갈 의지가 있다.'라는 점을 지속적으로 어필할 수 있고, 회사의 소식도 들을 수 있습니다. 그리고 가능한 한 복직 전에 1번은 회사로 찾아가 인사하는 시간도 있으면 좋습니다.

Q 공무원이 아닌 일반 사기업에서는 아직도 남자 육아 휴직이 쉬운 일은 아닙니다. 눈치도 많이 보이고 돌아와서 평판도 걱정됩니다.

A 최근에 남자분들도 육아 휴직을 많이 쓰지만, 아직은 눈치가 보이는 일에는 틀림없습니다. 회사마다 차이가 있겠지만, 육아 휴직 사용 전부터 팀에서 반대하시는 분도 계시고 겉으로는 흔쾌히 승낙하였지만, 복귀 후 눈에 보이지 않는 불편함이나 불이익이 존재할 수도 있습니다.
그렇기에 비슷한 상황에 놓인 분과 이야기를 나눠 보시기 바랍니다. 아마도 같은 고민을 하고 있지만, 누구 하나 선뜻 육아 휴직에 앞장서지 못하는 경우도 있습니다. 저희 회사는 최근에 꽤 일 잘하는 남자 직원이 먼저 육아 휴직을 냈습니다. 처음에 팀장님께서 조금 놀라시긴 하셨지만, 놓칠 수 없는 인재라 승낙해 주셨습니다. 3개월이라는 짧은 시간이었지만, 다시 돌아와서 열심히 일을 하니 언제 육아 휴직을 갔다 왔냐는 듯이 잘 지내고 있습니다. 그 직원 덕분에 다른 남자 직원도 육아 휴직을 내봐야겠다는 마음을 먹을 수 있게 되었습니다.

Q 육아 휴직 때 배우자에게 용돈 받아서 쓰나요?

A 가정마다 캐바캐(case by case)입니다. 저는 생활비는 받았지만 용돈을 받지는 않았습니다. 남편이 생활비 통장으로 월급을 보내 주면 그것으로 장을 보거나 아이들에게 필요한 것에 사용했습니다. 육아 휴직 급여도 100만 원가량 있기 때문에 생활비를 제외한 개인 비용은 휴직 급여에서 충당했습니다. 예를 들면 육아 휴직 급여에서 보험금, 헬스장, 친구들과 차를 마시는 비용 등을 충당했습니다.

Q 회사에 다니고 집으로 돌아와서 아이를 보면 방전 상태입니다. 그래서 모닝 루틴, 취미 활동 등을 할 여유가 없습니다. 어떻게 해야 할까요?

A 실제로 육아와 업무를 병행하는 분들이 양쪽에서 스트레스를 많이 받고 있으면서도 본인 스스로 인지하고 있지 못한 경우가 많습니다. 나 자신을 살펴볼 시간이 없으니까요. 체력이 부족한 경우를 대비해 약을 챙겨 먹는 것도 필요합니다. 이와 병행해서 '내가 어떻게 스트레스를 풀 수 있나.' 혹은 '나는 어떻게 하면 힐링이 되나.'라고 고민해 봐야 합니다. 나에 대해 아직 잘 모르겠다 싶은 분들은 하나씩 스트레스를 풀 수 있는 나만의 방법을 찾아보시기 바랍니다. 보이지 않은 곳에 쌓이고 있는 스트레스가 폭발하기 전에 말입니다.